# Künstliche Intelligenz für die Entwicklung von Antrieben

Aras Mirfendreski

# Künstliche Intelligenz für die Entwicklung von Antrieben

Historie, Arbeitsprozesse, Konzepte, Methoden und Anwendungsbeispiele

 Springer Vieweg

Aras Mirfendreski
Köln, Deutschland

ISBN 978-3-662-63494-3     ISBN 978-3-662-63495-0   (eBook)
https://doi.org/10.1007/978-3-662-63495-0

Die Deutsche Nationalbibliothek verzeichnet diese Publikation in der Deutschen Nationalbibliografie; detaillierte bibliografische Daten sind im Internet über http://dnb.d-nb.de abrufbar.

Planung/Lektorat: Markus Braun
Springer Vieweg ist ein Imprint der eingetragenen Gesellschaft Springer-Verlag GmbH, DE und ist ein Teil von Springer Nature.
Die Anschrift der Gesellschaft ist: Heidelberger Platz 3, 14197 Berlin, Germany

# Inhaltsverzeichnis

# Abbildungsverzeichnis

# Tabellenverzeichnis

# Einleitung

1

Wann haben wir eigentlich damit begonnen, alles um uns herum und nicht zuletzt uns selbst einer stetigen Optimierung zu unterziehen? Der Gedanke hinter dem Optimieren ist im Grunde seit Beginn der menschlichen Existenz vorhanden. Eine körperliche Handlung zu entlasten, die Geschwindigkeit einer Handlung zu erhöhen, um ihre Zeitdauer zu verkürzen, oder generell gesprochen, die Ausbeute und damit die Effizienz einer Handlung zu steigern sind Zeichen von Intelligenz und in unseren natürlichen Denkprozessen tief verankert. Im 18. Jahrhundert entstand aus einer Not heraus die landwirtschaftliche Revolution, weil die steigende Bevölkerung in Westeuropa nicht ausreichend mit Nahrungsmitteln versorgt werden konnte. Aufgrund dessen mussten innovative Prozesse entwickelt werden, um die Fruchtbarkeit der Böden zu erhöhen und den Ernteertrag zu steigern. Ein evolutionäres Zuchtverhalten verhalf, leistungsstärkere Nutztiere für die Landwirtschaft aufzuziehen oder Tiere mit erhöhtem Fleischanteil für den Konsum zu züchten. Diese Ära ging nahtlos über in die industrielle Revolution im 19. und 20. Jahrhundert. Durch die Entwicklung von Kraftmaschinen und Antrieben änderte sich die Einstellung zur körperlichen Arbeit. Neue Arbeitsgemeinschaften, wie sie durch Industrien geschaffen wurden sowie neue und engere Lebensformen entstanden, was die gesellschaftliche Vernetzung der Menschen förderte. Hierdurch gelang erstmalig der Aufstieg des Bürgertums, aus dem im weiteren Sinne ebenso eine Optimierung gesellschaftlicher Strukturen als Motivation hervorging.

Führt man die Folge unzähliger Errungenschaften bis in die heutige Zeit fort, so hat uns unser natürlicher Entwicklungstrieb auf eine hocheffiziente und hochtechnologisierte Ebene befördert, in der wir leben. Hat ein System sein Maß an Optimierung ausgeschöpft, ist es unausweichlich, auf alternative Systeme umzusteigen, um neue Geschäftsfelder zu erobern und sich auf dem hochdynamischen und kompetitiven Markt neu zu positionieren. Ist dies vielleicht ein Erklärungsansatz dafür, warum der Verbrennungsmotor einer Renaissance entgegensieht?

Antriebskonzepte der Zukunft werden die granularen Ansprüche der Gesellschaft als auch die strengen Vorgaben der Politik erfüllen müssen. Auf Basis anspruchsvoller Erwartungs-

© Der/die Autor(en), exklusiv lizenziert durch Springer-Verlag GmbH, DE, ein Teil von Springer Nature 2022
A. Mirfendreski, *Künstliche Intelligenz für die Entwicklung von Antrieben*,
https://doi.org/10.1007/978-3-662-63495-0_1

haltungen bereitet sich die gesamte Automobilbranche kollektiv auf eine visionäre Zukunfts-
landschaft vor, um frühzeitig die richtigen Weichen zu stellen. Aus aktuellen Veröffentlichungen geht hervor, dass bis zum Jahr 2040 eine Vielfalt an Hybridvarianten den Neuzu-
lassungsmarkt mit einem Anteil von 53 % bis 65 % abdecken soll. Die Konzepte lassen sich
primär unterteilen in milde 48V-Hybride mit unterschiedlichen Antriebsstrang-Varianten
($P_0 - P_4$ Topologie), klassische Vollhybride mit seriellem oder parallelem Antriebsstrang,
Plug-in-Hybride bis hin zu Range-Extender, bei denen der Motor eine passive Rolle des
Antriebs einnimmt. Zwischen 11 % und 15 % des Marktanteils sollen von reinen Elektro-
fahrzeugen abgedeckt werden, die restlichen 22 % bis 29 % verteilen sich auf reine Verbrennungsmotoren, die anteilig höher mit synthetischen Kraftstoffen (E-Fuels) und Bio-Fuels
angetrieben werden sollen, sowie auf gas- und wasserstoffangetriebene Fahrzeuge.

Infolge der angestrebten und vielseitigen Antriebsvarianten werden die Entwicklungskosten der Automobilhersteller in den kommenden Jahren drastisch steigen. Verbrennungsmotoren haben bereits ein nahezu maximales Potenzial hinsichtlich ihres Wirkungsgrads
und somit eines minimalen $CO_2$-Ausstoßes erreicht. Weitere Optimierungsversuche bringen inzwischen lediglich marginale Verbesserungen bei gleichbleibendem oder gar höherem
Investitionsvolumen. Dies heißt aber keinesfalls, dass der Verbrennungsmotor so leicht zu
ersetzen ist. Eines ist allerdings sicher – Investitionstrends für die Entwicklung von Verbrennungsmotoren werden in dieser Form, so wie in den letzten Jahrzehnten, keinen Bestand
mehr haben. Eine Investitionsgrundlage infolge vielseitigerer Antriebskonzepte ist zukünftig nur gewinnbringend, sofern deutlich schlankere Entwicklungsprozesse und effizientere
Methoden die derzeitigen ablösen.

Hierfür steht zum richtigen Zeitpunkt ein wertvolles Werkzeug zur Hand: die künstliche
Intelligenz (KI). KI ist ein Wissens- und Forschungsgebiet, mit dem sich die letzten Jahrzehnte primär Computerwissenschaftler auseinandergesetzt haben. Ihre bereits jetzt vielseitigen Anwendungsgebiete haben sich dementsprechend in der Welt der IT-Branche verankert
und die Digitalisierungswende seit den 1970er Jahren maßgeblich nach vorne bewegt. Inzwischen sind die Themenfelder der KI vielseitig, zuverlässig und hocheffizient. Wie nur sollen
Themen dieser digitalen IT-Branche auf industrielle Entwicklungsfelder übertragbar sein?

Der Begriff künstliche Intelligenz wird im Volksmund inflationär verwendet und vermittelt derweil eher ein Image oder ein Gefühl darüber, dass ein gewisser Prozess clever,
maschinell und selbstlernend durchgeführt werden kann. Dieses Buch ist als Konzeptbuch
gedacht und dient zur Konkretisierung der Einsatzmöglichkeiten der KI für industrielle
Anwendungen. Es zielt darauf ab, Themenfelder der KI in ihrer gesamten Komplexität
vorzustellen sowie konzeptionelle und kreative Ideen zu vermitteln, wie sie in der Antriebsentwicklung gewinnbringend eingesetzt werden können. Hiervon sollen Ingenieure mit dem
Schwerpunkt Antriebsentwicklung profitieren, die sich mit den Möglichkeiten und Ebenen
der KI in diesem wissenschaftlichen Kontext stärker auseinandersetzen möchten. Ebenso

wird dieses Buch KI-Anwendern und IT-Experten empfohlen, die keinen klassischen Ingenieurshintergrund besitzen und einen Überblick darüber erlangen möchten, in welcher Form ihre wertvollen Techniken für die Themenfelder der Antriebsentwicklung konkrete Anwendungen finden können.

Aras Mirfendreski

# Der Verbrennungsmotor in der Industrialisierungswende

## 2.1 Die Vorgeschichte

Die Industrialisierung veränderte die Welt. Sie setzte im späten 18. Jahrhundert ein und initiierte einen revolutionären Wandel durch Technologie. Die Veränderung folgte abrupt und unvorbereitet und stellte jahrhundertealte und bewährte Strukturen auf unterschiedlichen Ebenen in Frage. Sie schien eine außergewöhnliche Macht zu besitzen und war in der Lage, die Landwirtschaft, den Handel, den Transport, die Textilproduktion, das Wohnen, die Politik, Kultur und nicht zuletzt die komplette Gesellschaft zu erneuern.

Die Notwendigkeit der Industrialisierung wurde zunächst durch die landwirtschaftliche Revolution, auch Agrarrevolution genannt, bestimmt. Diese fand zwischen 1760 und 1815 statt und ermöglichte Bauern durch maßgebliche technische Modernisierungen in Feld- und Viehwirtschaft ein deutliches Wachstum in der Nahrungsmittelproduktion zu erzielen. Westeuropa und speziell Großbritannien waren zu diesem Zeitpunkt traditionelle Handelsregionen. Die Kombination aus stetig steigender Bevölkerungsdichte und schlechtem Ackerland zwang die Landwirte zu einer effizienteren Bewirtschaftung und der Entwicklung neuer Methoden, um ihre Produktivität zu steigern. Im **Ackerbau** wurde das weidende Vieh als Düngerlieferant für Weideflächen genutzt, wodurch sich die Fruchtbarkeit von Getreidefeldern erhöhte. Durch den Anbau neuer Feldfrüchte, die den Nahrungsmittelkreislauf zwischen Mensch und Vieh gleichermaßen bedienten, sowie durch den Anbau neuer und robuster Grassorten, die nicht nur schneller wuchsen, sondern auch dem Boden weniger Nährstoffe entzogen, wurden große Erfolge in der effizienten Bewirtschaftung von Feldern erzielt.

Im Bereich **landwirtschaftlicher Technologien** wurde zu Beginn des 18. Jahrhunderts die Saatmaschine erfunden, die das schweißtreibende Pflügen und Sähen von Menschenhand ersetzte. Durch diese Maschine konnte die Aussaat auf Felder nicht nur mit erheblicher Zeitersparnis erfolgen, sondern sie war auch in der Lage, die Ernte durch die Präzision der eingebrachten Saatmenge mit gleichmäßigen Abständen zu erleichtern und dadurch die

© Der/die Autor(en), exklusiv lizenziert durch Springer-Verlag GmbH, DE, ein Teil von Springer Nature 2022
A. Mirfendreski, *Künstliche Intelligenz für die Entwicklung von Antrieben*,
https://doi.org/10.1007/978-3-662-63495-0_2

Effizienz zu steigern. Zu den weiteren technischen Erneuerungen zählten eine von Jethro Tull um 1708 vorgestellte, von Pferden gezogene Hacke, die zum Jäten von Unkraut diente, und eine Dreschmaschine von Andrew Meikle um 1760, die die Spreu vom Weizen trennte.

Im Bereich **Viehzucht** führte Robert Bakewell bahnbrechende Neuerungen ein. Zur Graslandbewirtschaftung arbeitete er nahe am Fluss mit Umleitungen von Wasserwegen und Kanälen zur Bewässerung der Böden. Dadurch konnte er sicherstellen, dass auch in trockenen Perioden die Ernte nicht ausfiel und die Abhängigkeit von Regen generell gemindert oder gar beseitigt werden konnte. Er experimentierte mit unterschiedlichen Tierdüngern auf Versuchsfeldern und steigerte damit die Fruchtbarkeit der Böden. Und im Bereich der Tierzucht löste er sich von einer unkontrollierten Vermehrung des Viehs auf freier Weide. Er brachte gezielt gesunde und starke Schafe und Rinder zusammen und konnte durch ein evolutionäres Zuchtverhalten, von Generation zu Generation leistungsstärkere Tiere aufziehen beziehungsweise Tiere mit erhöhtem Fleischanteil heranzüchten.

Für die Agrarrevolution des 17. Jahrhunderts und die darauffolgende industrielle Revolution im späten 18. und im 19. Jahrhundert war Großbritannien wegweisender Vorreiter und galt als Vorbild für Westeuropa, die USA und im späten 19. Jahrhundert ebenso für Japan. Eine rasch anwachsende Bevölkerung, ein dadurch hohes Angebot an Arbeitskräften, die Involvierung des Landes im Welthandel, aber vor allem die Rohstoffvorkommen waren wichtige Voraussetzungen, die alle zeitgleich eintrafen und somit einen technologischen Wandel sowohl erforderlich machten und gleichzeitig zuließen.

Der energetisch treibende Rohstoff der Industrialisierung war die Kohle, nicht nur weil sie eine bis zu vierfach höhere Energiedichte als Holz besitzt, sondern zudem deutlich langsamer brennt und somit ihre Energie moderater freisetzt. Großbritannien verfügte über große Kohlevorkommen. Anders als in vielen anderen Ländern lag ihre Kohle nicht tief, sodass sie auch ohne die Technologien für einen tiefen Bergbau erreichbar war. Dies und die Alternativlosigkeit gegenüber der Kohle, da das Land geringfügig bewaldete Flächen besaß, um Holz für Industrien mit hohem Energiebedarf versorgen zu können, katapultierte Großbritannien nach vorne und ermöglichte einen großen Entwicklungsvorsprung gegenüber anderen Ländern.

Aus bereits früher entwickelten Formen einer Dampfmaschine stellte erst Ende des 18. Jahrhunderts der schottische Ingenieur James Watt eine effiziente Version vor, die in den folgenden Jahrzehnten als eine gerngesehene und beliebte Maschine ihren Einsatz im Bergbau, in der Metall- und Textilindustrie finden sollte. Diese Technologie erlaubte nun auch anderen Regionen wie dem nordfranzösisch-wallonischen Raum, dem deutschen Ruhr- und Saargebiet sowie Schlesien und der Ukraine, deren Kohlevorräte in viel tieferen Erdschichten lagen, den maschinellen Tiefbergbau anzugehen.

Die günstige geografische Positionierung Großbritanniens und der Vorsprung in der Agrarwirtschaft als auch in der industriellen Wirtschaft befähigten das Land, den nationalen und internationalen Handel schneller aufzubauen. Hierdurch wurde ein großes Vermögen in Form von Kapital aufgebaut, sodass sich durch lukrative Investitionen neue Geschäftsfelder auftaten. Der Begriff der Monetarisierbarkeit durch Kapitalanlagen wurde frühzeitig verstanden. Investitionen liefen in die Finanzierung von Industriebetrieben, was dazu führte, dass sich ein gut funktionierendes Bankwesen entwickelte. So kam es, dass im späten 18. Jahrhundert speziell im englischen Raum Banken gegründet wurden und das Kredit-, Wechsel- und Anleihegeschäft zunehmend zu einem neuen Geschäftsfeld für Händler avancierte, während zentraleuropäische Länder erst ein halbes Jahrhundert später mit der Gründung von Aktienbanken nachzogen. Somit hat es durchaus traditionelle Gründe, dass England im Finanz- und Bankensektor heute noch international eine dominante Rolle einnimmt.

Die kohlebefeuerte Eisenbahn stellt bis heute den Inbegriff des Industrialisierungsmotors dar, der in Großbritannien in der ersten Hälfte des 19. Jahrhunderts entwickelt wurde. Durch die genannten technologischen Limitierungen im Bergbau und dadurch auch in der Stahlerzeugung für den Schienenverkehr waren die Vereinigten Staaten von Amerika und das Deutsche Reich mit einer Verzögerung von 30 bis 40 Jahren in der Lage, die industrielle Vormachtstellung Großbritanniens anzugreifen. Inzwischen hatte sich England im internationalen Kapitalverkehr zum unumstrittenen Zentrum der Welt entwickelt.

Bis zu diesem Zeitpunkt war Großbritannien keinerlei Konkurrenz ausgesetzt und bestimmte alleinig den Marktpreis über Rohstoffimporte und Produktexporte. Erst mit der Wettbewerbsfähigkeit anderer Länder, die über die vergangenen Jahrzehnte den Anschluss zum Markt aufgeholt hatten, setzte eine Preisregulierung über Angebot und Nachfrage ein.

Die Schlüsselsektoren in der deutschen industriellen Entwicklung lagen im Kohlebergbau, in der Eisenherstellung und im Maschinenbau. Die Eisenbahn und der Ausbau des Schienennetzes ermöglichten die dominante Nachfrage und somit den Durchbruch der industriellen Strukturen. Die Streckenlänge lag um 1840 im Gebiet des späteren Deutschen Reiches unter 500 km, 10 Jahre später bereits 6000 und zur Reichsgründung 1871 19.000 km.

Die Vereinigten Staaten, insbesondere die Nordstaaten, profitierten während ihrer ersten Schritte zur Industrialisierung enorm von ihrer gemeinsamen Geschichte, ihrer gemeinsamen Sprache und der vorherrschenden Herkunft vieler Einwanderer und Siedler aus dem großbritannischen Raum. Diverse Technologien wurden von britischen Siedlern auch während der Industrialisierung in die Staaten mitgebracht und übermittelt. Aufgrund des großflächigen Landes wurde früh erkannt, dass eine Ausweitung des Eisenbahnnetzes maßgeblich sein würde, um den Prozess der Industrialisierung rasch voranzutreiben. Um 1840 setzte in den Nordstaaten die Netzausweitung drastisch ein und wurde zeitgleich mit Deutschland vorangetrieben.

Die Südstaaten hingegen nahmen bis 1880 kaum an der Industrialisierung teil. Hier hatten sich viele Regionen auf den landwirtschaftlichen Anbau von Baumwolle konzentriert. Eine Weiterverarbeitung war nicht vorgesehen. Der Verkauf von Rohprodukten spielte die hauptsächliche Rolle im Handel, sodass lange Zeit industrielle Maschinen für weiterverarbeitende Verfahrensschritte nicht notwendig waren. Die Sklaverei bot den Großgrundbesitzern mit geringen Kosten ihre Felder zu bestellen, sodass der Bedarf einer Effizienzsteigerung und Kostenoptimierung durch Mechanisierung lange nicht erforderlich war.

Die Industrialisierung brachte eine fundamentale Veränderung, ja, eine Kehrtwende der gesellschaftlichen Ordnungen mit sich. Auf der einen Seite begünstigte sie weitreichende

Möglichkeiten und einen finanziell raschen Aufstieg der Mittelschicht, auf der anderen Seite einen Positions- und Bedeutungsverlust der Eliten und Adeligen durch die Veränderung der modernen wirtschaftlichen Gegebenheiten. Vor allem politisch gesehen rückten Unternehmen mehr in den Mittelpunkt und nahmen einen zunehmend stärkeren Einfluss wahr. Verbesserte Transportmöglichkeiten erlaubten der Bevölkerung, ihre Lebensräume zu verlassen und urbane Ballungsräume in den industrialisierten Regionen zu besiedeln. Wenn sich die Bevölkerungsdichte in Industrieräumen erhöhte, kam es regelmäßig zu desolaten Arbeits- und Wohnbedingungen. Gleichzeitig verbesserten sich dadurch die Lebensbedingungen im Bereich der Ernährung, Krankenversorgung und Bildung erheblich. In vielseitiger Form war die Industrialisierung ein schleichender und friedlicher Prozess, der die Welt nach und nach veränderte [1].

## 2.2   Die technologische Revolution

Seit mehr als zwei Jahrhunderten steht die Menschheit unter dem Einfluss der Maschine. Sie verhalf den Ertrag des Bodens zu vervielfältigen und die Menschen über die Schranken von Raum und Zeit zu befördern. Sie ist nicht allein ein mechanischer Ersatz für die menschliche Arbeit, sie verändert durch die Schnelligkeit ihrer Arbeit auch die Art der Produkte und die Lebensweise von Generationen. In kleinen und großen Schritten wandelt sich das Bild der Welt. Maschinen hatte es seit Jahrhunderten gegeben, doch erst die Kraftmaschine brachte den mechanischen Antrieb. Zwar wurden in früheren Zeiten Wind und Wasser genutzt, aber sie waren an Ort und Gelegenheit gebunden. Diese Bindungen überwand die motorische Kraft. Als James Watt 1769 die Dampfmaschine schuf, eröffnete er den Menschen die Quelle unerschöpflicher Energie und löste dadurch maßgeblich die industrielle Revolution aus. Die Herrschaft über Kraft stand einst allein den Mächtigen der Welt zu. Pferde, Sklaven, Dienerschaft, Krieger – jahrtausendelang beruhte Macht auf tierischer und menschlicher Arbeit [1, 2].

Das 18. Jahrhundert blieb zunächst der Entwicklung der Dampfmaschine vorbehalten und nicht dem Verbrennungsmotor. Ihre rasche Entwicklung ist nicht auf Zufälligkeiten zurückzuführen. Dampf lässt sich in einem beheizten Kessel erzeugen und steht dann kontinuierlich zur Verfügung, solange sich Wasser im Kessel befindet. Kraftstoff, damals in Form von Pulver, musste beim Verbrennungsmotor im Gegensatz dazu nach jedem Arbeitstakt wieder neu in den Zylinder gebracht werden. Die Drücke waren höher, die Steuerung schwieriger. So ist es zu erklären, dass die Dampfmaschine eher ins Leben gerufen wurde.

Das Bewusstsein, jederzeit eine mechanische Kraft zur Verfügung zu haben, veränderte bei der Bevölkerung allmählich die Einstellung zur körperlichen Arbeit. Erforderte ein Prozess das Ausführen einer schweren physischen Arbeit, so war es fortan ein zielführender Gedanke, Wege zu finden, diese Last durch Kraftmaschinen zu ersetzen. Nebst landwirtschaftlicher und anderer Tätigkeiten sowie der Textilproduktion, dem Handel und dem Transport erschlossen sich neue und vor allem industrielle Berufszweige für die Herstellung von Maschinen und anderer technologischer Produkte. Die Produktion von Maschinen war nicht das Werk eines Einzelnen. Große Unternehmen und Arbeitsgemeinschaften sowie neue Lebensformen entstanden im industriellen Aufschwung. In dieser Zeit erst entstand die Idee eines gesellschaftlich vernetzten Arbeitens und Zusammenlebens.

Die Tür zur frühen Mobilität öffnete die Dampflokomotive, deren Aufstieg in den 1820er Jahren begann. Sie war zugleich das erste massentaugliche Fortbewegungsmittel und revolutionierte das Empfinden für Raum und Zeit. Die Geschichte des amerikanischen Bürgerkrieges zeigte, dass vier Jahrzehnte nach der Erfindung der Dampflokomotive die Eisenbahn ihre entscheidende Rolle in einem politisch-strategischen Wandel einzunehmen vermochte. Die industrielle, die gesellschaftliche und die politische Revolution seit der zweiten Hälfte des 18. Jahrhunderts standen geistig und materiell in einem engen Zusammenhang.

Mitte des 19. Jahrhunderts griff der Belgier Etienne Lenoir die Entwicklung des Zweitakt-Gasmotors auf, der an die Öffentlichkeit gebracht wurde. 1862 verbesserte Nikolaus August Otto das Prinzip durch den 4-Takt-Prozess. Der Otto-Motor war erfunden. Bis zu diesem Zeitpunkt waren diese neuen Antriebsformen groß und schwer und eigneten sich vorwiegend als Kraftmaschinen für industrielle Zwecke. Mitte 1869 ging es an den Bau einer Fabrik. In Köln, wo die erste Motorenfabrik der Welt entstand, steht noch heute das Zentrum des großen Unternehmens. Damals waren es freilich nur 40 Arbeiter, die 1869 unter Ottos Leitung 87 Motoren herausbrachten. Mit der Entwicklung des Verbrennungsmotors war die Kraftmaschine geschaffen, die an jedem Ort verfügbar war. Sie brachte Kraft in die Verfügung des Bürgers und mit der Revolution der Kraft begann allmählich der Aufstieg des Bürgertums [3].

Die Lokomotive zeichnete nur den Beginn einer neuen Mobilitätsära. So wie sie an Schienen, Bahnhöfen und Eisenbahnnetze gebunden war, vermochte sie den Freiheitsdrang des Menschen über die mechanische Kraft allein nicht zu stillen. Im Jahre 1878 überdachte Amédée Bollée die Technologie der Dampfkraft im Sinne individueller Transportformen und übernahm sie in die serielle Produktion von Dampfkraftwagen, die mittels einer Dampfmaschine arbeitete. Die ersten Modelle entstanden durch Integration der Antriebe in bereits vorhandene Kutschwagen und zeichneten sich vor allem dadurch aus, dass der Dampfkreislauf nach innen geschlossen war und Wasser als Medium jedem und zu jeder Zeit zur Verfügung stand. Kohle und Brennholz waren zudem billige Brennstoffe, die für das Erhitzen des Wassers im Dampfkessel verwendet wurden. Allerdings zeigte das Konzept auch den großen Nachteil, der im Vorheizen des Wassers bis zum Erreichen der Betriebstemperatur lag, was vor Fahrtantritt bis zu einer halben Stunde dauern konnte.

Nach dem Dampfkraftwagen war der Elektromotor die zweite maschinelle Antriebsart, die für Fahrzeuge serienmäßig eingesetzt wurde. Der Flocken Elektrowagen, der 1888 von Andreas Flocken in Coburg entwickelt und vorgestellt wurde, galt als das erste vierrädrige Elektrofahrzeug. Die begrenzte Reichweite und die lange Dauer des Wiederaufladens der Batterie stellten schon damals die großen Herausforderungen dieser Antriebsart dar.

Zur selben Zeit arbeiteten erste Pioniere an Verbrennungsmotoren als alternative Antriebskonzepte. 1886 meldete Carl Friedrich Benz in Mannheim seinen Motorwagen zum Patent
an. 1889 stellt er seinen Motorwagen Nummer 3 auf der Weltausstellung in Paris einem
breiten Publikum vor. Hiermit hatte die Geburtsstunde des Verbrennungsmotors als serien-
mäßiges Antriebskonzept stattgefunden und nahm fortan seinen Lauf. Zeitgleich stellten in
Stuttgart Gottlieb Daimler und Wilhelm Maybach im Jahre 1886 ihre Version des ersten
vierrädrigen Automobils vor. Der Daimler-Maybach-Motor von 1885 war klein und leicht
und verwendete einen Vergaser mit Benzineinspritzung.

Zwei Jahrzehnte nach der Entwicklung und serienmäßigen Fertigstellung der Antriebskonzepte Dampf, Strom und Verbrenner war es noch unklar, welches von ihnen sich auf
dem Markt durchsetzen würde. Alle brachten ihre individuellen Vor- und Nachteile mit
sich. Im Jahre 1900 wurden in den USA rund 4200 Automobile gebaut. Davon waren 1600
mit Dampf betrieben, 1572 mit Strom und 1028 hatten einen Verbrennungsmotor oder ein
anderes Antriebskonzept. Von etwa 200 Herstellern, die ein mehr oder weniger ausgereiftes
Konzept anzubieten hatten, überlebten bis 1920 nur eine Handvoll. Die Entwicklung des
Anlassers im Jahre 1909 war bahnbrechend und erleichterte das umständliche Starten des
Motors mittels einer Handkurbel massiv. Der höhere Wirkungsgrad und die damit einherge-
hende höhere Reichweite, der billige Preis für Öl und Benzin und der allmähliche Aufbau
eines Tankstellennetzes waren alles Faktoren, die zugunsten des Verbrennungsmotors sprachen und ahnen ließen, dass er sich gegen seinen Konkurrenten durchsetzen würde [2].

# Revolution durch Simulation in der Antriebsentwicklung

**3**

Der computergestützte Einsatz von Simulationswerkzeugen für die Entwicklung von Antrieben hat sich seit den letzten Jahrzehnten immer stärker etabliert und ist heutzutage unentbehrlich. Simulationen werden hierfür in die Bereiche der Strömung (3D-CFD), Konzeptsimulation (1D/0D), Elastohydrodynamik (EHD), Kinematik, Strukturdynamik und Festigkeit (Finite Elemente Methode (FEM) und Mehrkörpersimulation (MKS)) und der Akustik unterteilt. Für unterschiedliche Entwicklungsphasen von Antrieben sind verschiedene Simulationsprodukte vorgesehen. Diese greifen in einer gesamten Entwicklungsprozesskette ineinander und stehen darüber hinaus in gegenseitig starker Interaktion. Begonnen bei der Konzeptphase bis zur Applikation von elektronischen Steuergeräten bringen Softwareprodukte ihre individuellen Stärken ein und lassen so von einem technologisch effizienten und zielgenauen Einsatz profitieren.

Abb. 3.1 gibt einen allgemeinen Überblick darüber, welche Simulations-Produkte in den jeweiligen Phasen einer Antriebsentwicklung zum Einsatz kommen. In heutigen, modernen Entwicklungseinheiten der Automobilhersteller stehen inzwischen alle Entwicklungsprozesse auf Basis modellbasierter Entwicklung miteinander in starker Interaktion, was die Nutzung der kompletten Kette unausweichlich macht. Diese folgenden Kapitel zielen darauf ab, theoretische Grundlagen der Simulationsebenen herauszuarbeiten und die grundsätzliche Physik dahinter vorzustellen.

## 3.1 Strömungsberechnung

3D-, 1D- oder 0D-CFD-Tools werden allgemein formuliert eingesetzt, um den Strömungsweg von Fluiden vorherzusagen und auf thermisches und thermodynamisches Verhalten zurückzuschließen. Die Auswahl eines geeigneten Verfahrens wird je nach Bedarf an Detaillierungstiefe vorgenommen. Ein höherer Detaillierungsgrad geht dabei immer mit einem höheren Berechnungsaufwand und somit einer höheren Rechenzeit einher.

© Der/die Autor(en), exklusiv lizenziert durch Springer-Verlag GmbH, DE, ein Teil von Springer Nature 2022
A. Mirfendreski, *Künstliche Intelligenz für die Entwicklung von Antrieben*, https://doi.org/10.1007/978-3-662-63495-0_3

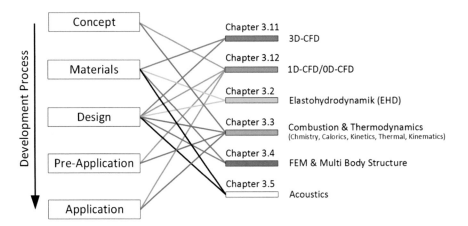

**Abb. 3.1** Einsatzgebiete der Simulation in der Antriebsentwicklung

Die Zeitdauer für 3D-CFD Anwendungen liegen in einem so hohen Bereich, dass sie nicht für gesamtheitliche Prozessrechnungen geeignet sind, stattdessen werden sie zur Berechnung von Fluid-durchströmten Einzelkomponenten herangezogen.

Für die 1D-Berechnung spielt der Zeitfaktor zum heutigen Zeitpunkt eine immer wichtiger werdende Rolle. Durch die Kombination aus der stetigen Leistungsentwicklung von Rechenprozessoren und effizienteren Algorithmen von Berechnungslösern wird ein neues Zeitalter erreicht, in dem Gesamtmotorprozesse innerhalb einer real laufenden Zeit, auch Echtzeit genannt, gelöst werden können. Dadurch ergibt sich die Möglichkeit einer Kopplung der Simulations-Tools mit realen Bauteilen aus dem Bereich der Elektronik. Speziell für die Applikationsauslegung von Motorsteuergeräten erschließen sich völlig neue Anwendungsmöglichkeiten, die für die Vorentwicklung bedeutende Vorteile mit sich bringen.

Eine 0D Anwendung berücksichtigt keine Auflösung von ortsabhängigen Effekten. Sie sagt unabhängig der Ortskoordinate identische thermodynamische Zustände für Masse, Druck und Temperatur vorher. Diese Ebene ist vor allem dann sinnvoll, wenn komplexe Gesamtsysteme in kurzer Zeit zu berechnen sind (Fahrzeug+Antrieb+Elektronik) oder wenn prinzipiell die Qualität der Ergebnisse für den Anspruch ausreichend ist und eine detailliertere Lokalisation von Effekten nicht zwangsläufig gewünscht ist.

### 3.1.1 3D-CFD

Die 3D-CFD bietet die Möglichkeit, differenzierte Einblicke in komplexe Strömungsphänomene zu erlangen. Durch ihre Anwendung können Fluid-durchströmte Bauteile hinsichtlich ihrer Konstruktion optimiert werden. Die folgende Liste zählt einige gängige Antriebsbereiche auf, die mittels der 3D-CFD berechnet werden:

- Brennstoffzelle: Strömung, Wärmeübergang, elektrochemische Reaktionen, Transport von Spezies in PEM-Brennstoffzellen[1]
- Elektrische Antriebe: Thermomanagement des Elektromotors, Batteriekühlung, elektrochemische Modellierung der Batterie, Aerodynamik
- Komponenten für den Kühlkreislauf: Öl- und Wasserkreislauf (Pumpe, Zulauf, Thermostat etc.)
- Verbrennungsmotor Zylindereinlass: Luftansaugung, Verdichteran- und innenströmung, Ladeluftkühler (LLK), Ladeluftstrecke, Sauganlage, Kanalauslegung, Ventilauslegung (Ladungsbewegung für Tumble- und Drallerzeugung)
- Verbrennungsmotor Zylinder: Injektorlage, Einspritzstrahl (Düsenlöcher, Einspritzwinkel etc.), Kolbengeometrie (Verdichtungsverhältnis, Mulde, Kühlkanäle etc.)
- Verbrennungsmotor Zylinderauslass: Kanalauslegung, Ventilauslegung (Ladungsbewegung), Krümmer, AGR-Strecke, AGR-Kühler, Turbinenan- und Innenströmung, VTG, Wastegate, Abgasanlage (Katalysator und Sondenanströmung)

Bei den zugrundeliegenden Berechnungsgleichungen handelt es sich im Allgemeinen um die Erhaltungssätze für Masse, Impuls und Energie, welche gemeinsam als Navier-Stokes-Gleichungen bezeichnet werden und die Basis der numerischen Fluidmechanik darstellen. Ein Strömungsfeld wird durch seinen Geschwindigkeitsvektor sowie durch die Zustandsgrößen Druck, Dichte und Temperatur in Abhängigkeit von Ort und Zeit vollständig charakterisiert. Das **Erhaltungsgesetz der Masse** wird wie folgt beschrieben [4].

$$\frac{dm}{dt} = 0 \tag{3.1}$$

Die Gleichung drückt aus, dass die zeitliche Änderung der Masse innerhalb eines festen Kontrollvolumens der zu- bzw. abgeführten Massen über den Rändern des Volumenelements entspricht. Die absolute Masse kann nur dann zu- oder abnehmen, wenn sich die Dichte des Fluids ändert. Für inkompressible Fluide wird die Erhaltungsgleichung für die Masse in integraler Form folgendermaßen ausgedrückt:

$$\text{Integral}: \frac{\partial}{\partial t} \int_V \rho \, dV + \int_S \rho u \cdot n \, dS = 0 \tag{3.2}$$

$V$ bezeichnet dabei das Kontrollvolumen, $S$ seine Oberfläche, $n$ den Einheitsvektor senkrecht zu $S$ (nach außen gerichtet), $u$ die Fluidgeschwindigkeit und $\rho$ ihre Dichte. Eine entsprechende koordinatenfreie Differentialform der Kontinuitätsgleichung kann unter Anwendung des Gauß-Theorems abgeleitet werden [4].

$$\text{Vektor}: \frac{\partial \rho}{\partial t} + \nabla \cdot \rho u = 0 \tag{3.3}$$

---

[1] PEM: Proton Exchange Membrane.

Eine weitere, oftmals gebräuchliche Darstellungsweise ist die kartesische Tensorschreibweise mit ausgeschriebenem Nabla-Operator.

$$\text{Kartesisch} : \frac{\partial \rho}{\partial t} + \frac{\partial \rho u_x}{\partial x} + \frac{\partial \rho u_y}{\partial y} + \frac{\partial \rho u_z}{\partial z} = 0 \tag{3.4}$$

Dabei beschreiben $(u_x, u_y, u_z)$ die kartesischen Komponenten des Geschwindigkeitsvektors $u$. Die 2. Newton'sche Bewegungsgleichung beschreibt die **Impulserhaltung.** Sie drückt aus, dass der Impuls eines Kontrollvolumens durch von außen wirkende Kräfte $f$ beeinflusst werden kann. [4]

$$\frac{m \cdot u}{\partial t} = \sum f \tag{3.5}$$

Die Impulserhaltungsgleichung in integraler Form lautet wie folgt:

$$\text{Integral} : \frac{\partial}{\partial t} \int_V \rho u \mathrm{d}V + \frac{\partial}{\partial t} \int_S \rho uu \cdot n \mathrm{d}S = \int_S T \cdot n \mathrm{d}S + \int_V \rho b \mathrm{d}V \tag{3.6}$$

Die linke Seite der Gleichung beschreibt den Impuls eines Fluids innerhalb eines Kontrollvolumens. Seine zeitliche Änderung entspricht der Summe aus einwirkenden Oberflächenkräften (Scher- und Normalkräfte) und äußeren Kräften. Zu den äußeren Kräften zählen beispielsweise Gravitations-, Zentrifugal-, Coriolis- oder elektromagnetische Kräfte. Diese werden in der Variablen $b$ zusammengefasst. [4]

Der Spannungstensor $T$ für ein Newton'sches Fluid beschreibt die molekulare Transportrate eines Impulses und kann im kartesischen Koordinatensystem wie folgt dargestellt werden [4]:

$$T_{ij} = -\left( p + \frac{2}{3} \mu \frac{\partial u_j}{\partial x_i} \right) \delta_{ij} + 2 \mu D_{ij} \tag{3.7}$$

$D$ stellt dabei den Tensor der Deformationsrate dar, $\delta_{ij}$ das Kronecker-Symbol ($\delta_{ij} = 1$ für $i = j$, $\delta_{ij} = 0$ für $i \neq j$), $p$ und $\mu$ stehen jeweils für den Druck und für die dynamische Viskosität des Fluids [4].

Zur Beschreibung des viskosen Teils des Spannungstensors wird in der Literatur auch die folgende Schreibweise gewählt:

$$\tau_{ij} = 2\mu D_{ij} - \frac{2}{3} \mu \delta_{ij} \nabla u \tag{3.8}$$

mit

$$D_{ij} = \frac{1}{2} \left( \frac{\partial u_i}{\partial x_j} + \frac{\partial u_j}{\partial x_i} \right) \tag{3.9}$$

Die koordinatenfreie Vektordarstellung des Impulserhaltungssatzes lautet:

$$\text{Vektor} : \nabla u_i \rho u = u_i \nabla \cdot (\rho u) + \rho u \cdot \nabla u_i. \tag{3.10}$$

Wird der viskose Teil des Spannungstensors $\tau_{ij}$ in Gl. 3.6 eingesetzt und die Schwerkraft als einzige äußere Kraft betrachtet, erhält man in kartesischer Tensorschreibweise die Form:

$$\text{Kartesisch}: \frac{\partial \rho u_i}{\partial t} + \frac{\partial \rho u_j u_i}{\partial x_j} + \frac{\partial \tau_{ij}}{\partial x_j} - \frac{\partial p}{\partial x_i} + \rho g_i = 0 \tag{3.11}$$

Die **Energieerhaltungsgleichung** kann in verschiedenen Formen dargestellt werden, je nachdem welche physikalische Größe als Variable betrachtet wird (Temperatur, innere Energie, thermische Enthalpie, Totalenthalpie etc.). Eine gängige Darstellung für eine Strömung kann mithilfe der Enthalpie $h$ und der Wärmeleitfähigkeit $k$ beschrieben werden. [4]

$$\text{Integral}: \frac{\partial}{\partial t} \int_V \rho h \, dV + \int_S \rho h u \cdot n \, dS = \int_S k \nabla T \cdot n \, dS$$

$$+ \int_V (u \cdot \nabla p + S' \cdot \nabla u) \, dV + \frac{\partial}{\partial t} \int_V p \, dV \tag{3.12}$$

Dabei entspricht $S'$ dem viskosen Teil des Spannungstensors. Für die koordinatenfreie Vektordarstellung des Energieerhaltungssatzes gilt:

$$\text{Vektor}: \frac{\partial (\rho \phi)}{\partial t} + \nabla \cdot (\rho \phi u) = \nabla \cdot (\Gamma \nabla \rho) + q_\phi. \tag{3.13}$$

Für die Erhaltung eines Skalars repräsentiert $\phi$ die Menge des Skalars pro Masseneinheit, z. B. die spezifische Enthalpie oder die innere Energie. Die Differentialform der generischen Erhaltungsgleichung lautet in kartesischen Koordinaten und Tensornotation:

$$\text{Kartesisch}: \frac{\partial (\rho \phi)}{\partial t} + \frac{\partial (\rho u_i \phi)}{\partial x_j} = \frac{\partial}{\partial x_j} \left( \Gamma \frac{\partial \phi}{x_j} \right) + q_\phi \tag{3.14}$$

Die Variable $\Gamma$ beschreibt dabei den Diffusionskoeffizienten für die Größe $\phi$, $q_\phi$ bezeichnet Quellen und Senken von $\phi$, die dem Kontrollsystem zu- bzw. abgeführt werden. Durch die Erhaltungssätze für Masse, Impuls und Energie wird ein System gemeinsam mit der thermischen Zustandsgleichung idealer Gase und den Beziehungen zwischen der spezifischen Gaskonstante R, dem Isentropenexponent $\kappa$ und den spezifischen Wärmekapazitäten $c_p$ sowie $c_v$ vollständig beschrieben [5].

$$p \cdot v = m \cdot R \cdot T, \kappa = \frac{c_p}{c_v}, R = c_p - c_v \tag{3.15}$$

Insgesamt ergibt sich ein Gleichungssystem aus nicht-linearen, partiellen Differentialgleichungen (DGL). Diese werden in jedem Punkt der diskretisierten Struktur (Netz) zu jedem einzelnen Zeitschritt iterativ berechnet.

### 3.1.2 1D-CFD

Ist eine komplette Prozessrechnung inklusive eines Luftpfades das Ziel von Untersuchungen, bietet sich die Modellierung mithilfe eines eindimensionalen Ansatzes an. Im Rahmen einer 1D-Simulation wird die Fluidströmung ausschließlich entlang der Hauptströmungsrichtung berücksichtigt, woraus im Verhältnis zur 3D-CFD ein moderater Rechenaufwand resultiert. Neben der Berechnung eines Luftpfades eignen sich 1D-Strömungsmodelle am Beispiel eines Motors zur Ladungswechselberechnung, Abgasturbolader (ATL)-Auslegung, Geometrieoptimierungen sowie zur Auslegung und Dimensionierung von Kühl- und Ölkreisläufen.

Eindimensionale Modelle basieren ebenso auf den Erhaltungsgleichungen von Masse, Impuls und Energie. Als Folge der geringeren Dimensionen kann eine 1D-Strömungsberechnung im Vergleich zur 3D-CFD deutlich vereinfacht ausgedrückt werden. Die folgenden Grundgleichungen werden in [5] präsentiert.

Im Hinblick auf die **Massenerhaltung** erfolgt für die eindimensionale, ausgehend von der dreidimensionalen Betrachtung, die folgende Vereinfachung durch den Entfall der örtlichen Koordinatenauflösung in y- und z-Richtung:

$$\frac{\partial}{\partial t} + \frac{\partial m_x}{\partial x} + \cancelto{0}{\frac{\partial m_y}{\partial y}} + \cancelto{0}{\frac{\partial m_z}{\partial z}} = 0 \tag{3.16}$$

$$\rightarrow \frac{\partial}{\partial t} + \frac{\partial m_x}{\partial x} = 0 \tag{3.17}$$

Durch die Anwendung der Kontinuitätsgleichung kann die Masse ersetzt werden und man erhält in vektorieller Schreibweise:

$$\frac{\partial}{\partial t} + \frac{\partial m_x}{\partial x} = \frac{\partial}{\partial t} + \frac{\partial (\rho_x u_x A_x)}{\partial x} \tag{3.18}$$

Dabei entspricht $A_x$ der durchströmten Fläche eines Rohres quer zur Strömungsrichtung. Die x-Komponente der Strömungsgeschwindigkeit entspricht wegen der eindimensionalen Annahme dem gesamten Strömungsvektor $u_x = u$. Somit lautet die Massenerhaltung für die eindimensionale Betrachtung:

$$\frac{\partial \rho}{\partial t} + \rho \frac{\partial u}{\partial x} + u \frac{\partial \rho}{\partial x} + \frac{\rho u}{A} \frac{\partial A}{\partial x} = 0 \tag{3.19}$$

Für die **Impulserhaltung** kann ausgehend von der dreidimensionalen Betrachtung die untenstehende Reduktion der Einzelterme vorgenommen werden. Dabei werden die Oberflächen- und die von außen einwirkenden Kräfte zusammengefasst und durch einen Reibkoeffizienten $f_R$ wiedergegeben.

$$\frac{\partial \rho u_i}{\partial t} + \frac{\partial \rho u_j u_i}{\partial x_j} + \frac{\partial \tau_{ij}}{\partial x_j} - \frac{\partial p}{\partial x_i} + \rho g_i = 0 \tag{3.20}$$

$$\rightarrow \frac{\partial \rho u}{\partial t} + u \frac{\partial u}{\partial x} + \frac{\partial p}{\partial x} + f_R = 0 \tag{3.21}$$

Verfolgt man das gleiche Schema und versucht ausgehend von der dreidimensionalen Betrachtung der **Energieerhaltung** zur eindimensionalen zu gelangen, kann Gl. 3.22, je nachdem welches Skalar gewählt wird, unterschiedliche Formen annehmen. Durch Einsetzen der dargestellten Gleichungen für die Kontinuität aus Gl. 3.16 und der Impulserhaltung aus Gl. 3.21, kann die Energiegleichung in generischer Form als Funktion des totalen Druckdifferentials nach Gl. 3.23 dargestellt werden. [5, 6]

$$\frac{\partial (\rho \phi)}{\partial t} + \frac{\partial (\rho u_i \phi)}{\partial x_j} = \frac{\partial}{\partial x_j} \left( \Gamma \frac{\partial \phi}{x_j} \right) + q_\phi \tag{3.22}$$

$$\rightarrow \frac{\partial p}{\partial t} + u \frac{\partial p}{\partial x} + (q_\phi + u \cdot f_R)\rho = 0 \tag{3.23}$$

### 3.1.3  0D-CFD

Eine wesentlich einfachere Beschreibung eines Luftpfades findet auf Basis von nulldimensionalen (0D)-Modellen statt. Durch eine Entkopplung eines Systems, ausgehend von der Weg-Zeit-Ebene, wird der Strömungsvorgang von einem Strömungsweg gelöst und ist damit nur noch zeitabhängig. In einem betrachteten Teilsystem ist der thermodynamische Zustand zu einem diskreten Zeitpunkt räumlich konstant.

Auch in einer 1D-Strömungsmodellierung können Teile des Luftpfads in Form von Luftvolumen als dimensionslos betrachtet werden. Dabei wird das Reflexionsmaß mit einer charakteristischen und damit einer repräsentativen Länge eines Volumens errechnet. Neben dem Luftpfad werden auch weitere Teilsysteme des Motors sowie Brennraum, Abgasturbolader etc. auf Basis einer null-dimensionalen Betrachtung modelliert.

**Füll- und Entleermodelle**
Die Füll- und Entleer-Methode stellt ein in der Praxis gebräuchliches Konzept zur Berechnung von Fluid-durchströmten Rohrsystemen dar. Dabei werden Rohrleitungen des Luftpfadsystems zu sphärischen Behältern mit entsprechenden Volumina zusammengefasst, weshalb diese Form von Modellen auch als sogenannte „Behältermodelle" bezeichnet werden. Diese werden mittels Drosselstellen voneinander getrennt, die als Blenden oder Ventile mit festem bzw. variablem Strömungsquerschnitt abgebildet werden. Zustandsänderungen innerhalb der jeweiligen Behälter werden dabei unter Berücksichtigung von instationären Füll- und Entleervorgängen berechnet. Ein positiver Volumenstrom zwischen aneinander-

grenzenden Behältern wird dadurch erzeugt, dass der vordere Behälter gefüllt und der hintere entleert wird.

Eine entscheidende Annahme die dabei vorausgesetzt wird ist, dass Druck und Temperatur innerhalb der Behälter ohne Verzögerung ausgeglichen werden. Zu jedem diskreten Rechenschritt findet eine vollständige Durchmischung des Behälterinhaltes statt. Die Strömung bewegt sich somit mit unendlich großer Schallgeschwindigkeit durch das Luftpfadsystem.

Für eine Berechnung von instationären Vorgängen wird angenommen, dass die Strömung für kleine Zeitintervalle jeweils stationär behandelt werden kann, was zu Abweichungen im Ergebnis führt. Gasdynamische Strömungseffekte können mit einer FuE-Methode nicht wiedergegeben werden, sodass letztere sich zur Untersuchung von Konzepten, wie Resonanzaufladung am Zylindereinlass, Stoßaufladung am Abgasturbolader etc. nicht eignen. [5]

Ein System wird durch die Mittelwerte von Druck, Temperatur, Masse, innerer Energie und dem Wärmeströmen über die Systemgrenzen beschrieben.

Für die Berechnung von Behältermodellen werden die Erhaltungssätze für Masse und Energie berechnet, die Betrachtung des Impulserhaltungssatzes entfällt durch das Nichtvorhandensein einer örtlichen Auflösung. Dadurch ist das System gegenüber einem 1D-Ansatz stark vereinfacht. Die **Massenerhaltung** erhält somit ausgehend von einer 3D-Berechnungsgrundlage eine vereinfachte Differentialform, die folgendermaßen ausgedrückt werden kann:

$$\frac{\partial \rho}{\partial t} + \cancelto{0}{\frac{\partial \rho u_x}{\partial x}} + \cancelto{0}{\frac{\partial \rho u_y}{\partial y}} + \cancelto{0}{\frac{\partial \rho u_z}{\partial z}} = 0 \qquad (3.24)$$

$$\rightarrow \frac{\partial \rho}{\partial t} = 0 \qquad (3.25)$$

Daraus kann eine zeitlich lösbare Darstellung hergeleitet werden.

$$\frac{\mathrm{d}}{\mathrm{d}t} m(t) = \dot{m}_{\mathrm{zu}}(t) - \dot{m}_{\mathrm{ab}}(t) = 0 \qquad (3.26)$$

Der **Erhaltungssatz für Energie**, ausgehend von der 3D-Betrachtungsweise, kann entsprechend auf die folgende Form reduziert werden:

$$\frac{\partial (\rho \phi)}{\partial t} + \cancelto{0}{\frac{\partial (\rho u_j \phi)}{\partial x_j}} = \cancelto{0}{\frac{\partial}{\partial x_j}\left(\Gamma \frac{\partial \phi}{x_j}\right)} + q_\phi \qquad (3.27)$$

$$\rightarrow \frac{\partial \rho \phi}{\partial t} = q_\phi \qquad (3.28)$$

Betrachtet man beispielsweise für das Skalar $\phi$ die innere Energie eines Systems, nimmt die zeitliche Änderung die folgende Form an:

$$\frac{\mathrm{d}U}{\mathrm{d}t} = \frac{\mathrm{d}Q_{\mathrm{W}}}{\mathrm{d}t} + \frac{\mathrm{d}H_{\mathrm{zu}}}{\mathrm{d}t} - \frac{\mathrm{d}H_{\mathrm{ab}}}{\mathrm{d}t} \tag{3.29}$$

Mithilfe der thermischen Zustandsgleichung für ideale Gase kann die innere Energie auch als Funktion von Druck, Temperatur und dem Isentropenexponent $\kappa$ ausgedrückt werden:

$$\frac{\partial U}{\partial t} = \frac{\partial}{\partial t} \cdot \frac{p \cdot V}{\kappa - 1} = \frac{1}{\kappa - 1} \cdot \frac{\partial p}{\partial t} \cdot V + \frac{1}{\kappa - 1} \cdot p \cdot \frac{\partial V}{\partial t} \tag{3.30}$$

Zusammen mit den kalorischen Zusammenhängen

$$U = m \cdot c_v \cdot T, \, H = m \cdot c_p \cdot T \tag{3.31}$$

ergeben sich mit den Gl. 3.29 und 3.31 und einer Vernachlässigung der Wärmeströme über die Wände die folgenden zeitlichen Veränderungen für $p$ und $T$:

$$\frac{\mathrm{d}T}{\mathrm{d}t} = \frac{T \cdot R}{c_v \cdot p \cdot V} \left[ \left( \dot{H}_{\mathrm{zu}}(t) - \dot{H}_{\mathrm{ab}}(t) \right) \left( 1 - \frac{c_v}{c_p} \right) \right] \tag{3.32}$$

$$\frac{\mathrm{d}p}{\mathrm{d}t} = \frac{\kappa \cdot R}{V \cdot c_p} \left[ \dot{H}_{\mathrm{zu}}(t) - \dot{H}_{\mathrm{ab}}(t) \right] \tag{3.33}$$

Um den Massenstrom über die Drosselstellen zu bestimmen (siehe Abb. 3.2), wird eine Durchflussgleichung nach *de Saint-Venant* für stationäre, adiabate Strömungen verwendet. Eine ausführliche Herleitung kann in [5] nachgelesen werden.

$$\dot{m} = \alpha_K \cdot A_{\mathrm{zu}} \cdot \sqrt{p_0 \cdot \rho_0} \cdot \psi, \, \psi = \sqrt{\frac{2\kappa}{\kappa - 1} \left( \left( \frac{p_1}{p_2} \right)^{\frac{2}{\kappa}} - \left( \frac{p_1}{p_2} \right)^{\frac{\kappa+1}{\kappa}} \right)} \tag{3.34}$$

Dabei ist $A_{\mathrm{zu}}$ der geometrische Querschnitt, $p_0$ und $\rho_0$ der Druck und die Dichte im Behälter vor der Drosselstelle, $\alpha_K$ der Durchflussbeiwert und $p_1$ der im Querschnitt wirkende Druck. Der Term $\psi$ wird auch Ausflussfunktion bezeichnet.

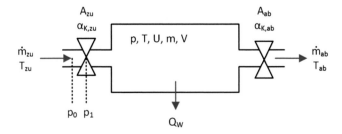

**Abb. 3.2** Zustandsgrößen, Stoff- und Energieströme eines Behältermodells

**Abb. 3.3** Ausflussfunktion in
Abhängigkeit von
Isentropenexponent und
Druckverhältnis [5]

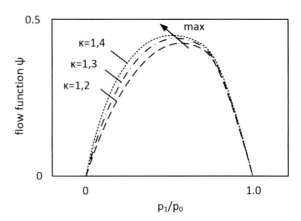

Mittels der Durchflusskoeffizienten werden reale Effekte bei der Durchströmung eines Ventils, wie z. B. die Einschnürung, berücksichtigt, wodurch der tatsächliche Strömungsquerschnitt kleiner ausfällt als der geometrische. Dieser Beiwert beschreibt damit das Verhältnis von tatsächlich vorliegendem zu theoretisch möglichem Massenstrom.

Das Maximum der Ausflussfunktion ergibt sich durch eine Extremwertermittlung im Rahmen einer Kurvendiskussion. An der Stelle $\psi_{max}$ wird gerade das kritische Druckverhältnis $\left(\frac{p_1}{p_0}\right)_{krit}$ erreicht, wie folgende Gleichung zeigt:

$$\frac{\partial \psi}{\partial \left(\frac{p_1}{p_0}\right)} = 0, \left(\frac{p_1}{p_0}\right)_{krit} = \left(\frac{2}{\kappa + 1}\right)^{\frac{\kappa}{\kappa - 1}} \tag{3.35}$$

Wie in Abb. 3.3 zu erkennen ist, steigt der Wert der Ausflussfunktion bis zum kritischen Druckverhältnis an. An diesem Punkt wird im engsten Querschnitt Schallgeschwindigkeit und damit der maximal mögliche Massendurchfluss erreicht. Links davon kann der Massenstrom durch eine Erhöhung von $p_0$ bzw. durch Absenkung von $p_1$ erhöht werden. [5, 7]

**Mittelwertmodelle**
Bei den sogenannten Mittelwertmodellen, oft in der Praxis mit dem englischen Begriff „Mean Value Model" (MVM) bezeichnet, handelt es sich um eine untergeordnete und komprimierte Form der Füll- und Entleermodelle. Der Unterschied liegt darin, dass im Gegensatz zu einer herkömmlichen Motorprozessrechnung der Arbeitsprozess nicht kurbelwinkelgelöst, sondern arbeitsspielgemittelt betrachtet wird.

Solche Modelle kommen dann zum Einsatz, wenn auf eine kurbelwinkelgelöste Betrachtung des Motors verzichtet werden kann, oder etwa im Gegensatz zur Füll-und Entleermethode noch kürzere Rechenzeiten erforderlich sind. Dies kann beispielsweise für schnelle Parameterstudien der Fall sein, einer Integration des Motormodells in eine Gesamtfahrzeug-

Umgebung (Längsdynamik) oder etwa für die Kopplung von elektronischen Steuergeräten, bei der eine Echtzeitfähigkeit zwingend ist.

## 3.2   Elastohydrodynamik (EHD) und Tribologie

Die Tribologie befasst sich mit der Wissenschaft der Wechselwirkungen von Oberflächen in relativer Bewegung, was die Prinzipien von Reibung, Schmierung und Verschleiß umfasst. Ihre Anwendung ist interdisziplinär und stützt auf Physik, Chemie, Werkstoff- und Materialwissenschaften sowie Ingenieurwissenschaften.

Eine der wichtigsten Anwendungen der Tribologie im Bereich der Ingenieurwissenschaften findet man in der Konstruktion und Auslegung von Lagern. In Gleitwälzkontakten, wie z. B. bei Wälzlagern, Zahnrädern und Nockenstößel werden die Laufflächen wegen hoher Kontaktdrücke elastisch deformiert. Bei Elementen aus Kunststoff, wie es bei Dichtungen der Fall ist, entstehen Verformungen schon bei geringem Druck. Dadurch wird eine wesentlich größere Fläche zum Tragen der Belastungskraft erzielt, als es ohne Deformation der Fall wäre. Während des Betriebs können somit trotz hoher Kräfte Materialspannungen innerhalb vorgegebener Grenzen eingehalten werden (Abb. 3.4). [8]

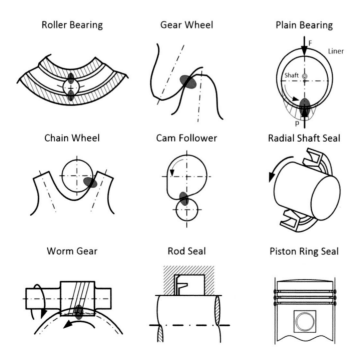

**Abb. 3.4**  Beispiele von EHD-geschmierten Kontakten [8]

Die Schmierung unter Berücksichtigung von Verformungen wurde vermehrt in den letzten Jahrzehnten als beschreibbares Phänomen verstanden und in mathematische Modelle überführt. Somit sind Simulationstools entstanden, die dabei helfen, Sensibilitätsstudien durchzuführen, Vorgänge zu beeinflussen, Effekte genauer zu verstehen und letztlich diese Erkenntnisse in die Konstruktion umzusetzen.

Von Elastohydrodynamik (EHD) oder elastohydrodynamischer Schmierung ist generell die Rede, wenn die elastische Verformung zweier Kontaktkörper der Dicke des Schmierfilms entspricht oder etwa größer ist als diese. Bei vernachlässigbarer Deformation hingegen bezeichnet man die Schmierung als rein hydrodynamisch. Sind die Kontaktkörper steif, wie bei Metallen, spricht man von einer harten EHD Schmierung. Eine weiche EHD Schmierung hingegen tritt auf, wenn ein oder beide Kontaktkörper ein niedriges Elastizitätsmodul besitzen. Bei einer Untersuchung von Dauerläufen spricht man von stationärer EHD Schmierung. Ist hingegen ein zeitdiskretes Verhalten von Interesse, so wie bei einem Warmlauf oder bei dynamischer Lastbeanspruchung von Kontaktkörpern, so spricht man von instationär belasteter EHD Schmierung.

Im Allgemeinen bildet ein Kontakt zwischen zwei beliebigen Körpern örtlich eine elliptische Druckfläche. Im einen Extremfall kann der Lastzustand einen kreisförmigen Kontakt, also einen Punktkontakt erreichen, oder etwa einen badförmigen Kontakt bzw. Linienkontakt im anderen Extremfall. Bei einem Linienkontakt befinden sich die Körper in einem ebenen Verformungszustand.

Zur Beschreibung eines tribologischen Systems ist es notwendig, wichtige Größen sowie Schmierfilmdicke und -druck, Tragkraft, Reibung und Materialspannungen zu kennen. Probleme der EHD sind im Allgemeinen unterteilbar in stationär harte EHD, stationär weiche EHD, in die Thermo-EHD und die instationäre EHD.

Der Verlauf der Reibkraft in Abhängigkeit der Reibgeschwindigkeit im Falle hydrodynamischer Reibung, wird typischerweise durch die sogenannte Stribeck-Kurve beschrieben (siehe Abb. 3.5). Diese gibt Einsicht auf die Auswirkung der Schmierfilmdicke auf den Reibkoeffizienten in Abhängigkeit der Ölviskosität, Relativgeschwindigkeit der Materialpaarungen und der Normalkraft.

Findet zwischen zwei Materialpaarungen keine Relativbewegung statt, so spricht man von Haftreibung (dry friction). Greift eine Kraft ein, die größer ist als die Haftreibungskraft, so wird eine Relativbewegung initiiert. In der ersten Phase trennt der Schmierstoff die Materialpaarung lediglich auf molekularer Ebene voneinander – diese Phase wird als Grenzreibung (boundary lubrication) bezeichnet.

Bildet sich ein dünner Schmierfilm zwischen den Körpern, sodass diese nur noch von geringfügigen Materialrauheiten voneinander getrennt sind, können die Körper auf dem

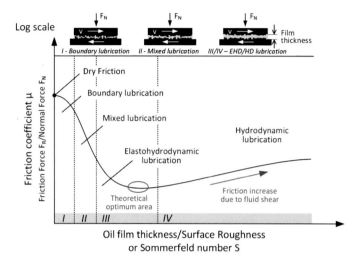

**Abb. 3.5** Stribeck-Kurve: Auswirkung des Schmierfilms auf den Reibkoeffizienten zweier Materialien [9]

Schmierstoff abgleiten – in dieser Phase liegt sogenannte Mischreibung (mixed lubrication) vor.

Wird die Mischreibung überbrückt, so sind in der nächsten Phase die Materialpaare vollständig durch den Schmierfilm getrennt. Diese Phase, die als Flüssigkeitsreibung bezeichnet wird, lässt sich in eine elastohydrodynamische und in eine hydrodynamische Phase unterteilen, wo der Materialverschleiß am geringsten ist. Da mit zunehmender Relativgeschwindigkeit immer mehr Schichten des Schmierstoffs aufeinander abgleiten, steigt die Reibkraft im Bereich der hydrodynamischen Phase wieder an. Generell ist bei jeder Auslegung von Materialpaarungen und Öl wünschenswert, einen Reibkoeffizienten im Bereich des Minimums zu erzielen. [8]

In seiner einfachsten Form wird das gesamte Problem der hydrodynamischen Elastoschmierung (EHL) durch 5 Gleichungen beschrieben:

1. Die Reynold-Gleichung beschreibt die Strömung eines Newton'schen Fluids in einem engen Spalt.

Ausgehend von der Navier-Stokes-Gleichung wurde sie für einen langsamen viskosen Fluss abgeleitet. Sowohl Trägheitskräfte, als auch äußere Kräfte gegenüber viskosen Kräften werden zur Vereinfachung vernachlässigt. Die zweite Vereinfachung ist auf den geometrischen Bedingungen eines sehr engen Spalts zurückzuführen: Die Abmessungen in z-Richtung sind viel kleiner als in x- und y-Richtung, siehe Abb. 3.6. Unter Verwendung der Bedingung der Rutschfestigkeit an der Wandgrenze erhält man das Geschwindigkeitsprofil als Funktion der z-Koordinate. Die Kontinuität des Massenstroms in einem engen Spalt, die sich von einer Oberfläche zur anderen erstreckt, ergibt:

**Abb. 3.6** Koordinatensystem
im Kontaktpunkt zweier
Körper

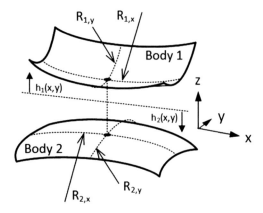

$$\frac{\partial}{\partial x}\left(\frac{\rho h^3}{12\eta}\frac{\partial p}{\partial x}\right)\frac{\partial}{\partial y}\left(\frac{\rho h^3}{12\eta}\frac{\partial p}{\partial y}\right) - \frac{\partial(u_m\rho h)}{\partial x} - \frac{\partial(\rho h)}{\partial t} = 0 \qquad (3.36)$$

Bei einem Linienkontakt sind die Kontaktabmessungen in y-Richtung sehr groß im Vergleich
zu denen in x-Richtung, sodass vereinfachter Weise gilt:

$$\frac{\partial}{\partial x}\left(\frac{\rho h^3}{12\eta}\frac{\partial p}{\partial x}\right) - u_m\frac{\partial h}{\partial x} = 0 \qquad (3.37)$$

Hier ist $p$ der Druck, $h$ die Filmdicke, $u_m$ die mittlere Oberflächengeschwindigkeit, $\eta$ die
Viskosität und $\rho$ die Dichte des Öls.

2. Die elastische Verformungsgleichung beschreibt den Einfluss auf die Verformung des
Ölspalts.

Um die elastischen Verformungen realer Körper zu approximieren, werden zwei Annahmen getroffen: Die Verformung ist linear elastisch und die beiden Kontaktkörper haben
gleichmäßige und isotrope Eigenschaften. Die Kontaktabmessungen $a$ sind klein im Verhältnis zu den Abmessungen des Körpers ($a << R_x$), sodass die zusätzliche Annahme einer
Annäherung der Körper durch zwei semi-infinite Halbräume getroffen werden kann.

Beide Hypothesen sind allgemeingültig und die erhaltenen Näherungswerte stimmen
mit experimentellen Ergebnissen sehr gut überein. Somit kann die elastische Verformung
$h(x, y)$ aufgrund der Druckverteilung $p(x, y)$ angenähert werden durch:

$$h(x, y) = h_0 + \frac{x^2}{2R_x} + \frac{y^2}{2R_y} + \frac{2}{\pi E'}\iint_{-\infty}^{\infty}\frac{p(x', y')\mathrm{d}x'\mathrm{d}y'}{\sqrt{(x - x')^2 + (y - y')^2}} \qquad (3.38)$$

Für einen Linienkontakt mit großen Kontaktabmessungen in y-Richtung im Vergleich zu
denen in x-Richtung gilt:

$$h(x) = h_0 + \frac{x^2}{2R_x} + \frac{2}{\pi E'} \int\int_{-\infty}^{\infty} p(x') \ln \left( \frac{x - x'}{x_0} \right)^2 dx' \qquad (3.39)$$

3. Die Viskositäts-Druck-Beziehung beschreibt die Viskosität als Funktion des Drucks. Die einfachste Form ist bekannt unter dem exponentiellen Ansatz von Barus:

$$\eta(p) = \eta_0 \cdot e^{(\alpha \cdot p)} \qquad (3.40)$$

Hierbei wird $\eta_0$ als atmosphärische Viskosität und $\alpha$ als Druckviskositätskoeffizient bezeichnet.

4. Die Dichte-Druck-Beziehung gibt die Dichte als Funktion des Drucks nach dem Ansatz von Dowson und Higginson wieder.

$$\rho(p) = \rho_0 \frac{5,9 \cdot 10^8 + 1,34 p}{5,9 \cdot 10^8 + p} \qquad (3.41)$$

5. Das Prinzip der Wechselwirkung besagt, dass das Integral der Druckverteilung aus den Reyndgleichungen, die von außen aufgebrachte Last $w$ ausgleichen muss, um ein Kräftegleichgewicht herzustellen. Für das zweidimensionale Problem lautet diese Bedingung:

$$w = \int\int_{-\infty}^{\infty} p(x', y') dx' dy' \qquad (3.42)$$

$w$ steht hierbei für die angelegte Last im zweidimensionalen Fall. Für den eindimensionalen Lastfall (Linienkontaktfall) lautet die aufgebrachte Last:

$$w = \int\int_{-\infty}^{\infty} p(x') dx' \qquad (3.43)$$

Sowohl beim ein- als auch beim zweidimensionalen Problem werden die lokalen Gleichungen zur Beschreibung von Druck- und Filmdickenverteilungen $p(x, y)$ und $h(x, y)$ durch die globale Gl. 3.42 bzw. 3.43 ergänzt, sodass die Filmdicke $h_0$ mithilfe der Gl. 3.38 bzw. 3.39 bestimmt werden kann. [10]

## 3.3 Brennraum (Verbrennung und Thermodynamik)

Die Wissenschaft der Verbrennung ist ein Fachbereich, das sich mit den physikalischen und chemischen Vorgängen der Verbrennung und den unterschiedlichen Charaktereigenschaften von Flammen beschäftigt. Die Komplexität folgt aus der Berührung und Interaktion vieler weiterer Bereiche der Physik. Hierzu zählen Strömungsdynamik, Thermodynamik, Kalorik, Reaktionskinetik, Mechanik und mehr. Geht es darum, auf Berechnungsgrundlagen eine Verbrennung zu simulieren, muss eine Kette an vorgelagerten Berechnungen bzw. Randbedingungen gut gewählt sein, um belastbare Vorhersagen zu treffen.

Abb. 3.7 zeigt den Brennraum eines Verbrennungsmotors. Dieser ist begrenzt von den Brennraumwänden, dem Kolben und den Ventilen. Die Brennraumränder stellen die Systemgrenzen dar. An der Folge unterschiedlicher physikalischer und chemischer Prozesse, die im Zylinder stattfinden, wird die Komplexität der Verbrennung deutlich.

Gemäß des Gesetztes der Massenerhaltung ist die Änderung der Masse in einem Kontrollraum stets konstant, welche der Summe aller zu- und abfließenden Massenströme entspricht.

$$dm = dm_{in} - dm_{out} + dm_{Fuel} - dm_{Blowby} \tag{3.44}$$

In der Gesamtheit erzeugen alle erwähnten Prozesse eingehende und ausgehende Energieströme, die in einer Gesamtenergiebilanz nach dem ersten Hauptsatz der Thermodynamik zusammengefasst werden können. Stellt man diese in ein Gleichgewicht, so ergibt sich der folgende Differenzialterm über die Zeit:

$$dU = dH + dQ_B - dQ_W - dW \tag{3.45}$$

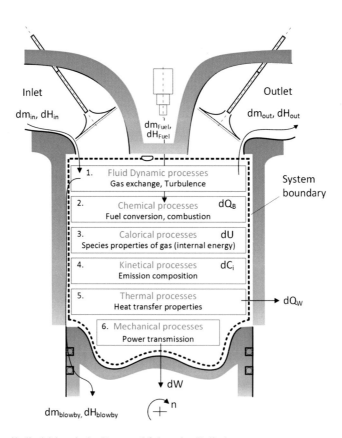

**Abb. 3.7** Physikalisch/chemische Prozessabfolgen im Zylinder

$U$ steht hierbei für die innere Energie innerhalb der Systemgrenzen, $H$ für die zu- und abgeführten Enthalpieströme, $Q_B$ für die freigesetzte Brennenergie, $Q_W$ für die Wärmeverluste
und $W$ für die abgegebene mechanische Leistung. Löst man die Enthalpieströme in der
dargestellten Systemgrenze „Brennraum" näher auf, so ergibt sich:

$$dU = dH_{in} - dH_{out} - dH_{blowby} + dH_{Fuel} + dQ_B - dQ_W - dW \qquad (3.46)$$

Für die zeitliche Änderung der inneren Energie während eines Arbeitsspiels, wird üblicherweise das Differenzial von $U$ auf den Kurbelwinkel gelöst, woraus sich folgender Term
ergibt:

$$\frac{dU}{d\varphi} = h_{in}\frac{dm_{in}}{d\varphi} - h_{out}\frac{m_{out}}{d\varphi} - h_{out}\frac{dm_{Blowby}}{d\varphi} + h_{Fuel}\frac{dm_{Fuel}}{d\varphi} + \frac{dQ_{Fuel}}{d\varphi} - \frac{dQ_W}{d\varphi} - \frac{dW}{d\varphi}$$
$$(3.47)$$

In den folgenden Abschnitten sollen zusammenfassend alle sechs physikalischen Prozesse nach Abb. 3.7 der Reihenfolge nach diskutiert und ihre theoretischen Grundlagen
vorgestellt werden.

**1. Strömungsdynamik** ($dH$): Während des Ladungswechsels sind es die Berechnungsgrundlagen der Strömungsdynamik, mithilfe derer ermittelt wird, welcher Massenstrom an
Frischluft (bei Direkteinspritzung) bzw. Kraftstoff-Luft-Gemisch (bei Gemischansaugung)
in den Zylinder gelangt. Neben dem Druckgefälle zwischen Einlasskanal und Zylinderraum
ist es entscheidend, dass die Pulsationen des Einlassdrucks sich so zusammensetzen, dass
eine Druckspitze während der Öffnungsphase des Einlassventils vorliegt und eine bessere
Füllung dadurch gefördert wird. Die Grundlagen der Strömungsdynamik hierfür wurden
in Abschn. 3.1 vorgestellt. Enthalpieströme die einem System zu- oder abgeführt werden
erhält man grundsätzlich über die spezifische Wärmekapazität $c_p$, die Masse $m$ und die
Temperaturdifferenz $dT = (T_{ab} - T_{zu})$. [5]

$$dH = c_p \cdot m \cdot dT \qquad (3.48)$$

**2. Chemische Prozesse** ($dQ_B$): Die Einführung eines Kraftstoffs in den Brennraum und
die Umsetzung seiner gebundenen chemischen Energie in Wärme folgt in diesem Prozess-
schritt. Das Entzünden des Kraftstoff-Luft-Gemisches kann fremd-einwirkend durch eine
Zündkerze (Ottomotor) oder selbstzündend (Dieselmotor) erfolgen oder durch alternative
Brennverfahren wie das CAI (compressed auto ignition) oder das HCCI (homogeneous
charge compressed ignition).

Die Brenngeschwindigkeit und somit die zeitliche Dauer zur Umsetzung des Kraftstoffs ist sehr entscheidend. Typischerweise versucht man sie so hoch wie möglich zu gestalten, da mit einem frühen Schwerpunkt der Verbrennung ($\sim 6° - 8°$ Kurbelwinkel) der höchste thermodynamische Wirkungsgrad erzielbar ist. Um dies zu erreichen, wird ein hohes Turbulenzniveau zum Abschluss des Ladungswechsels benötigt.

Motorleistung, Wirkungsgrad und Emissionen werden von der Verbrennung des Kraftstoff-Luftgemisches gesteuert. Um den Motorbetrieb in der Gesamtheit zu verstehen, sind viele einzelne Bausteine für relevante Verbrennungsphänomene erforderlich. Die Phänomene unterscheiden sich für die Hauptmotorentypen Fremdzündung und Diesel. Bei Ottomotoren wird der Kraftstoff entweder im Motoransaugsystem mit Luft gemischt oder direkt in den Zylinder eingespritzt. Nach der Verdichtung des Kraftstoff-Luft-Gemisches löst eine elektrische Entladung der Zündkerze den Verbrennungsprozess aus. Aus dem Zündfunken entwickelt sich eine Flamme, die sich in den Zylinderraum ausbreitet, bis dass sie die Wände der Brennkammer zu den Seiten oder den Kolben nach unten erreicht und erlischt. Ein unerwünschtes Phänomen das entsteht, ist die spontane oder unkontrollierte Selbstzündung eines erheblichen Anteils der Brennstoff-Luft-Masse bevor sie von der Flamme entzündet wird. Das explosionsartige Phänomen ist die Ursache fürs Motorklopfen, das aufgrund der erzeugten hohen Drücke zu Motorschäden führen kann.

Bei Dieselmotoren wird der Kraftstoff bei hohem Druck und hoher Temperatur in den Zylinder eingespritzt. Das Selbstentzünden von Teilen des sich entwickelnden Gemisches aus bereits eingespritztem und verdampftem Kraftstoff mit der heißen Luft initiiert den Verbrennungsprozess. Anders als beim Ottomotor läuft dieser turbulent ab. Die Zusammensetzung des Kraftstoff-Luft-Gemisches spielt daher bei der Dieselverbrennung eine entscheidende Rolle.

Die Zusammensetzung von Kraftstoff und Luft wird als Stöchiometrie bezeichnet und beschreibt die Reaktanten eines brennbaren Gemisches und die Zusammensetzung der Produkte. Da die Beziehungen von der Erhaltung der Masse eines jeden chemischen Elements der Reaktanten abhängen, werden die relativen Zusammensetzungen des Brennstoffs und das Verhältnis zwischen Brennstoff und Luft zur Berechnungsgrundlage herangezogen. Wenn ausreichend Sauerstoff zur Verfügung steht, kann ein Brennstoff aus Kohlenwasserstoff vollständig oxidieren. Der Kohlenstoff im Kraftstoff wird dann in Kohlendioxid CO und der Wasserstoff $H_2$ in Wasser $H_2O$ umgewandelt. [5]

Für einen Brennstoff mit der Zusammensetzung $C_x H_y S_q O_z$ gilt bei einer vollständigen Verbrennung die Reaktionsgleichung:

$$C_x H_y S_q O_z + \left( x + \frac{1}{4}y + q - \frac{1}{2}z \right) \cdot O_2 = x CO_2 + \frac{y}{2} \cdot H_2O + q SO_2 \tag{3.49}$$

mit den stöchiometrischen Koeffizienten und den Massenanteilen der im Brennstoff enthaltenen Elemente für Kohlenstoff c, Wasserstoff h, Schwefel s und Sauerstoff o.

$$x = \frac{M_B}{M_C} c, \; y = \frac{M_B}{M_H} h, \; q = \frac{M_B}{M_S} s, \; z = \frac{M_B}{M_O} o \qquad (3.50)$$

Der stöchiometrische Luftbedarf ergibt sich somit zu:

$$L_{st} = \frac{1}{x_{O_2,L}} \cdot \frac{m_{O_2,st}}{m_B} = \frac{1}{x_{O_{2L}}} \left( \frac{M_{O_2}}{M_C} \cdot \frac{1}{4} \frac{M_{O_2}}{M_H} \cdot h + \frac{M_{O_2}}{M_S} \cdot s - o \right) \qquad (3.51)$$

$$= \frac{1}{0{,}232} \cdot (2{,}664 \cdot c + 7{,}937 \cdot h + 0{,}998 \cdot s - o)$$

Für die motorische Verbrennung wird gängiger Weise das Verhältnis aus tatsächlicher Luftmasse $m_L$ zur stöchiometrischen Luftmasse $m_{L,st}$ ins Verhältnis gesetzt und als Luftverhältnis $\lambda$ ausgedrückt.

$$\lambda = \frac{m_L}{m_{L,st}} = \frac{m_L}{m_B} \cdot L_{st} \qquad (3.52)$$

Der Gemischheizwert $H_G$ aus Luft und Kraftstoff setzt sich bei einer äußeren Gemischbildung (Saugmotor) zusammen aus der Kraftstoffmasse $m_B$, aus dem unteren Kraftstoff-Heizwert $H_u$ und aus dem Gemischvolumen $V_G$.

$$H_G = \frac{m_B \cdot H_u}{V_G} = \frac{\rho_G \cdot H_u}{\lambda \cdot L_{st} + 1} \qquad (3.53)$$

Bei Motoren mit innerer Gemischbildung (Dieselmotoren, DI-Ottomotoren) wird die Kraftstoffmasse und der untere Heizwert auf das Luftvolumen $V_L$ bezogen.

$$H_G = \frac{m_B \cdot H_u}{V_L} = \frac{\rho_L H_u}{\lambda L_{st}} \qquad (3.54)$$

**3. Kalorische Prozesse** ($dU$): Nachdem die strömungsrelevanten Prozesse des Ladungswechsels und die chemischen Prozesse des Kraftstoffes diskutiert wurden, folgt in der nächsten Sequenz gemäß Abb. 3.7 die Ermittlung der Kalorik. Diese beschäftigt sich mit den Stoffeigenschaften des Arbeitsgases und dient letztlich zur Ermittlung der inneren Energie $U$ innerhalb der Systemgrenzen des Brennraums und zur Berechnung des Terms $dU$ aus der Energiebilanz nach Gl. 3.45. [5]

Ein möglicher Ansatz zur Berechnung der Inneren Energie $U$ liegt in der Beschreibung der Einzelkomponenten einer Gasmischung und lässt sich beschreiben mit:

$$dU = \sum_i m_i du_i = \sum_i m_i d(h_i - RT_i) \qquad (3.55)$$

Die bekanntesten Ansätze zur Beschreibung der spezifischen inneren Energie von Rauchgas, also der Verbrennungsprodukte, stammen von Justi (1938) und Zacharias (1968) [11, 12]. Unter einer Vernachlässigung von Dissoziationseffekten, also von Rückwärtsreaktionen bereits entstandener Spezies, und der Druckabhängigkeit von Reaktionen, stellte Justi einen Polynomansatz dar, der die spezifische innere Energie als eine Funktion von

Temperatur und Luftverhältnis darstellt. Der Ansatz von Zacharias ermöglichte unter erheblich höherem Rechenaufwand eine genauere Bestimmung des Rauchgases durch die Zerlegung in seine Komponenten, das mit dem Einsatz erster Großrechner erst überwindbar war.

Die innere Energie jeder einzelnen Gaskomponente kann separat berechnet werden, da ihre Standardbildungsenthalpien, Reaktionsenthalpien und die jeweilige molare Wärme in Tabellen wie in NIST JANAF angegeben sind [13]. Durch die Kenntnis der jeweiligen Anteile dieser einzelnen Komponenten kann die gesamte innere Energie eines Gases berechnet werden.

Die in einem Verbrennungsmotor vorkommenden Gase sowie Sauerstoff, Stickstoff, Kraftstoffdampf, Kohlendioxid, Wasserdampf etc. können soweit wie ideale Gase behandelt werden. Ein ideales Gas wird mit der Gleichung

$$pV = mRT = n\tilde{R}T \tag{3.56}$$

beschrieben, mit dem Druck $p$, dem Volumen $V$, der Gasmasse $m$, der universellen Gaskonstante $\tilde{R}$, der Temperatur $T$, und der molaren Masse $n$.

Für die Ladung des Zylinders als ideales Gasgemisch betrachtet, können spezifische Wärmekapazität, Enthalpie und Entropie für eine Reaktion nach den folgenden Formeln ermittelt werden:

$$\frac{\tilde{c}}{\tilde{R}} = a_1 + a_2 T + a_3 T^2 + a_4 T^3 + a_5 T^4 \tag{3.57}$$

$$\frac{\tilde{h}}{\tilde{R}T} = a_1 + \frac{a_2}{2}T + \frac{a_3}{3}T^2 + \frac{a_4}{4}T^3 + \frac{a_5}{6}T^4 + \frac{a_6}{T} \tag{3.58}$$

$$\frac{\tilde{s}}{\tilde{R}} = a_1 \cdot lnT + a_2 T + \frac{a_3}{2}T^2 + \frac{a_4}{3}T^3 + \frac{a_5}{4}T^4 + a_7 \tag{3.59}$$

**4. Kinetische Prozesse** ($dC_i$): Die Kinetik ist ein Teilbereich der physikalischen Chemie und beschäftigt sich mit dem zeitlichen Ablauf chemischer Reaktionen (Reaktionskinetik) oder physikalisch-chemischer Vorgänge. Sie lässt sich generell in die Teilbereiche Mikro- und Makrokinetik unterteilen. Während die Mikrokinetik sich vorwiegend mit dem zeitlichen Ablauf chemischer Reaktionen und deren mathematischer Beschreibung auseinandersetzt, zieht die Makrokinetik globale Einflüsse der Thermodynamik sowie Wärme- und Stofftransportvorgänge (Diffusion) in ihre Berechnungsgrundlagen mit in Betracht.

In der Anwendung für den Verbrennungsmotor und das Themenfeld der Simulation ist die Reaktionskinetik vor allem relevant, da sie die Berechnungsgrundlage für viele fundamentale Prozesse sicherstellt. Dazu zählen Einflüsse unterschiedlicher Kraftstoffarten auf die chemischen Prozesse im Brennraum (dazu Verbrennungsgeschwindigkeit und Klopffestigkeit), die Entstehung von Rohemissionen und katalytische Prozesse der Abgasnachbehandlung. [5]

**Reaktionsgeschwindigkeit**

Eine chemische Reaktion mit den Edukten A und B, das die Produkte C und D bildet, wird nach dem folgenden Formalismus beschrieben:

$$\alpha A + \beta B + \gamma C \underset{k_{1,r}}{\overset{k_{1,v}}{\rightleftharpoons}} \delta D + \varepsilon D \tag{3.60}$$

$\alpha$, $\beta$, $\gamma$, $\delta$ und $\varepsilon$ stellen die stöchiometrischen Koeffizienten der Reaktion dar, $k_f$ und $k_r$ beschreiben die Geschwindikgeitskoeffizienten der Vorwärts- bzw. der Rückwärtsreaktion. Die zeitliche Änderung einer Spezies-Konzentration (hier als Beispiel für die Komponente A) kann für die angegebene chemische Reaktionsgleichung mit dem folgenden empirischen Ansatz ermittelt werden:

$$\frac{dC_A}{dt} = \alpha \left( k_f [A]^\alpha \cdot [B]^\beta \cdot [C]^\gamma - k_r [D]^\delta \cdot [E]^\varepsilon \right) \tag{3.61}$$

Die Geschwindigkeitskoeffizienten $k_f$ und $k_r$ sind experimentell ermittelte Größen, die in umfangreichen Tabellenwerken für alle chemischen Reaktionen zusammengefasst sind. Die Messungen stammen von Experimenten in Stoßwellenreaktoren o. Ä. Da sie zudem stark temperaturabhängig sind, werden sie mithilfe eines Arrhenius-Ansatzes korrigiert.

$$k = A \cdot T^b \cdot e^{-\frac{E_A}{R \cdot T}} \tag{3.62}$$

Insbesondere ist die Reaktionsgeschwindigkeit abhängig von der Aktivierungsenergie $E_A$, die für das Zustandekommen der Reaktion aufgebracht werden muss und der absoluten Temperatur $T$. Für sehr hohe Temperaturen konvergiert der Term gegen den präexponentiellen Faktor $AT^b$. In diesem Fall wird die Geschwindigkeit durch die Stoßkinetik der Moleküle beschrieben. Die Konstante $A$, der Temperaturbeiwert $b$ und die Aktivierungsenergie $E_A$ können ebenfalls aus Tabellenwerken entnommen werden.

**Reaktionsgleichgewicht**

Auf molekularer Ebene findet eine chemische Reaktion immer in zwei Richtungen statt. Aus der Differenz zwischen der Vor- und der Rückreaktion kann auf die Reaktionsrichtung zurückgeschlossen werden. Das chemische Gleichgewicht ist daher nur ein Sonderfall, bei dem die Vor- und Rückreaktionen mit gleicher Geschwindigkeit ablaufen, sodass makroskopisch kein sichtbarer Stoffumsatz auftritt. Auf molekularer Ebene hingegen finden weiterhin Reaktionen statt. Obwohl die makroskopische Reaktionsgeschwindigkeit immer auf das chemische Gleichgewicht abzielt, liefert die Gleichgewichtsanalyse keine Informationen über die Zeit, die erforderlich ist, um das Gleichgewicht zu erreichen. Information dazu liefert hingegen die Reaktionskinetik.

Berücksichtigt man, dass im Sonderfall eines chemischen Gleichgewichts die Reaktion in beide Richtungen gleich schnell abläuft, so wird die Umsatzrate der Konzentrationen der einzelnen Spezies zu null. Gl. 3.61 ergibt:

$$0 = \alpha \left( k_f \cdot [A]^\alpha \cdot [B]^\beta \cdot [C]^\gamma - k_r \cdot [D]^\delta \cdot [E]^\varepsilon \right) \tag{3.63}$$

Stellt man die Gleichung auf als das Verhältnis zwischen Vorwärts- zur Rückwärtsgeschwindigkeit, so erhält man:

$$\rightarrow \frac{k_f}{k_r} = \frac{[D]^\delta \cdot [E]^\delta}{[A]^\alpha \cdot [B]^\beta \cdot [C]^\gamma} = K_c \tag{3.64}$$

$K_c$ stellt eine Funktion der Stoffkonzentration aller beteiligten Spezies dar und wird als Gleichgewichtskonstante bezeichnet.

Um eine Idee darüber zu bekommen, wie eine Gleichgewichtszusammensetzung einer Verbrennung aussieht, wird folgend ein Beispiel zu Oktan mit der chemischen Formel $C_8H_{18}$ geliefert (Abb. 3.8). Hierbei wird nach Burcat die Gleichgewichtszusammensetzung der Verbrennungsprodukte und ihre Abhängigkeit vom Luftverhältnis $\lambda$, von der Temperatur und vom Prozessdruck dargestellt.

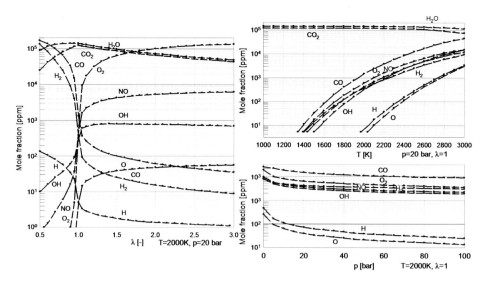

**Abb. 3.8** Abgas Gleichgewichtszusammensetzung für den Kraftstoff $C_8H_{18}$ nach Burcat. Darstellung der Abhängigkeiten von Luftzahl, Temperatur und Druck

**Reaktionsordnung**

Betrachtet man die Reaktionsgleichung aus 3.65-3.67, so bedeutet dies wörtlich, dass auf der Seite der Edukte die Menge $\alpha$ an A Teilchen mit $\beta$ an B Teilchen und $\gamma$ an C Teilchen kollidieren müssen, um auf der Produktseite D und E zu bilden. Die Wahrscheinlichkeit, dass die drei Teilchen A, B, C zur gleichen Zeit und mit ausreichend hoher kinetischen Energie kollidieren, ist sehr gering. Wahrscheinlicher ist es, dass zunächst zwei Teilchen zusammen treffen, ein Zwischenprodukt bilden und anschließend gegebenenfalls unter Bildung weiterer Zwischenprodukte die Produkte D und E bilden. Zerlegt man die Gesamtreaktion in einzelne Schritte, so ergeben sich daraus ihre Elementarreaktionen wie folgt:

$$\alpha A + \beta B \rightarrow A_\alpha B_\beta \tag{3.65}$$

$$A_\alpha B_\beta + \gamma C \rightarrow D \tag{3.66}$$

$$A_\alpha B_\beta + D \rightarrow E \tag{3.67}$$

Experimentell oder auf Grundlage modellhafter Annahmen kann ermittelt werden, wie die Reaktionsgeschwindigkeiten der Elementarreaktionen von den jeweiligen Konzentrationen der Komponenten A, B, C und D abhängen. Die Abhängigkeit der Reaktionsgeschwindigkeit vom Exponenten, mit dem die Konzentration eines bestimmten Reaktanten in das Geschwindigkeitsgesetz eingeht, wird als Reaktionsordnung in Bezug auf diesen Reaktanten bezeichnet. Die Gesamtordnung einer Reaktion ist die Summe der Reaktionsordnungen aller an ihr beteiligten Reaktanten. Die Reaktionsgeschwindigkeitskonstanten der einzelnen Elementarreaktionen ergeben miteinander multipliziert die Geschwindigkeitskonstante der Gesamtreaktion.

**Partielles Gleichgewicht**

In einem komplexen Reaktionssystem kann es passieren, dass eine Vielzahl von Reaktionen gleichzeitig stattfindet, von denen nur einige derart schnell ablaufen, sodass man von einem partiellen Gleichgewicht dieser jeweiligen Spezies reden kann. Die Reaktion als Gesamtes muss hierbei nicht notwendigerweise im chemischen Gleichgewicht stehen.

1946 stellte Y.B. Zeldovich erstmals die Elementarreaktion der Stickoxidproduktion vor. Diese beschreiben die Entstehung des thermischen Stickoxids (NO), das bei Verbrennungsmotoren den größten Anteil aller gesamten Stickoxide ($NO_x$) ausmacht ($\sim$ 90–95 %).

$$N_2 + \dot{O} \underset{k_{1,r}}{\overset{k_{1,v}}{\rightleftharpoons}} NO + \dot{N} \tag{3.68}$$

$$\dot{N} + O_2 \underset{k_{2,r}}{\overset{k_{2,v}}{\rightleftharpoons}} NO + \dot{O} \tag{3.69}$$

$$\dot{N} + OH \underset{k_{3,r}}{\overset{k_{3,v}}{\rightleftharpoons}} NO + \dot{H} \tag{3.70}$$

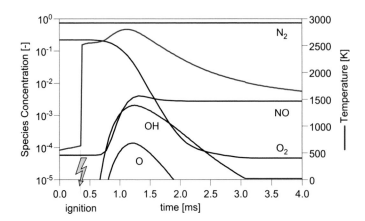

**Abb. 3.9** Partielles Gleichgewicht am Beispiel des erweiterten Zeldovich Mechanismus (Stickoxidentstehung) für die Komponenten O und OH

Am Beispiel eines ottomotorischen Verbrennungsprozesses bei stöchiometrischem Betrieb ($\lambda = 1$) seien folgend die Verläufe der Spezieskonzentrationen über der Zeit dargestellt. Erst ab dem Zündzeitpunkt und dem Anstieg der Prozesstemperatur $T > 2500 K$ werden die Reaktionen aktiviert. Hieraus geht hervor, dass die Komponenten O und OH Zwischenprodukte darstellen, die kurzzeitig entstehen und wieder schlagartig abgebaut werden. Das partielle Gleichgewicht kann mathematisch zur Ermittlung der Spezieskonzentration folgenderweise aufgestellt werden: $dC_O/dt = 0$, $dC_{OH}/dt = 0$, siehe Abb. 3.9.

**5. Thermik und Thermodynamik** $dQ_W$: Die Beschreibung des Wärmeübergangs im Zylinder unterliegt komplexen Zusammenhängen. Infolge des verhältnismäßig großen Anteils und Verlusten, die auf die thermischen Prozesse anfallen, ist es ein stetes Interesse, diese modellbasiert mit hoher Genauigkeit nachzubilden, um Verbesserungspotentiale erkenntlich zu machen. Die Schwierigkeit, die bei der Modellierung des thermischen Prozesses hinzukommt ist, dass eine Reihe von vorgelagerten Prozessen sowie für den Ladungswechsel (fluiddynamische Prozesse), Brennverlauf (Chemische Prozesse), der inneren Energie (Kalorische Prozesse) und der kinematischen Prozesse, jeder Baustein einen individuellen Fehler einbringt, der sich in der Summe exponentiell fortpflanzt (siehe rückblickend Abb. 3.7). Der summierte Fehler nimmt schließlich einen entscheidenden Einfluss auf die Berechnung des thermischen Verhaltens, sodass eine genaue Vorhersage uns vor eine große Herausforderung stellt.

Prinzipiell setzt sich der Wärmeübergang $Q_w$ zusammen aus einem konvektiven Anteil $Q_e$ und einem Strahlungsanteil $Q_\varepsilon$:

$$dQ_w = dQ_e + dQ_\varepsilon \tag{3.71}$$

Üblicherweise wird der Strahlungsanteil dem konvektiven Anteil zugeschlagen und findet sich im Wärmeübergangskoeffizienten wieder. Der Brennraum wird meist mindestens in die drei unterschiedliche Bereiche 1. Kolben, 2. Laufbuchse und 3. Zylinderkopf eingeteilt. Um eine höhere Auflösungsgüte zu erzielen, können theoretisch mehr Abschnitte bis hin zu infinitesimale Elemente gewählt werden. Die Ventile werden üblicherweise dem Zylinderkopf hinzugerechnet. Die Beschreibung des Wärmestroms durch die Zylinderwände folgt durch die Newton'sche Gleichung mithilfe des Wärmeübergangskoeffizienten $\alpha_i$, der Übertragungsfläche $A_i$ und der Temperaturdifferenz zwischen der Zylinderwand $T_w$ und dem Gas $T_{gas}$:

$$dQ_w = \sum_i \alpha_i A_i \left( T_{w,i} - T_{gas,i} \right) \tag{3.72}$$

Die Ermittlung eines geeigneten Wärmeübergangskoeffizienten setzt voraus, dass die Gastemperatur im Brennraum sowie die Wandtemperaturen sehr gut abgebildet werden. Für 3D-CFD Simulationen ist es üblich, über den gesamten Brennraum auflösende Temperaturverteilungen des verbrannten und des unverbrannten Gases zu unterschiedlichen Zellen $i$ ($T_{gas,i}$) zu bestimmen. In der 1D hingegen, wird die Verbrennung quasidimensional ermittelt, sodass die mittlere Gastemperatur sich aus der örtlichen Mittelung der Gastemperatur im Brennraum ergibt und der Index $i$ entfällt ($T_{gas}$). [5]

Hierfür werden i. d. R. semi-physikalische Ansätze verwendet, die eine schnelle Vorhersage liefern und gleichzeitig ein ausreichend hohes Maß an Randbedingungen in Betrachtung ziehen. In der Literatur gibt es zur Berechnung von Wandwärmeströme eine Vielzahl vorgestellter Ansätze [14–17].

**6. Kinematische Prozesse** $dW$: Das Triebwerk eines Motors setzt die oszillierende Bewegung der Kolben in eine rotierende Bewegung der Kurbelwelle um. Die am Kolben umgesetzte Arbeit $dW$ kann über den Zylinderdruck und die Volumenänderung ermittelt werden (Abb. 3.10). [5]

$$dW = -pdV \tag{3.73}$$

Für den Kurbelwinkel aufgelöst, erhält man die Arbeit aus dem nachfolgenden Term. Hierzu sind zusätzliche Eingänge sowie die Winkelfrequenz $\omega$, der Zylinderbohrungsdurchmesser $D$ und der Kolbenhub $s$ erforderlich.

$$\frac{dW}{d\varphi} = -p\omega\frac{dV}{d\varphi} = -p\omega D^2 \frac{\pi}{4}\frac{ds}{d\varphi} \tag{3.74}$$

**Abb. 3.10** Geometrie des
Kurbeltriebs

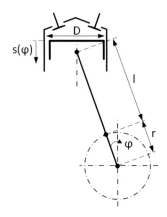

Der Kolbenhub steht im direkten Zusammenhang mit dem Kurbelwinkel. Der Term $\frac{ds}{d\varphi}$ lässt sich berechnen als Funktion des Kurbelradius $r$ und dem Schubstangenverhältnis $\lambda_s = \frac{r}{l}$.

$$s(\varphi) = r \cdot [[1 - cos\varphi] + \frac{1}{\lambda} \cdot [1 - \sqrt{1 - \lambda_s \cdot sin^2(\varphi)}]] \qquad (3.75)$$

$$\frac{ds}{d\varphi} = r\omega \cdot [sin\varphi + \frac{\lambda_s}{2} sin(2\varphi)] \qquad (3.76)$$

## 3.4   Materialfestigkeit und Strukturdynamik

**Mehrkörpersimulation**

Die Mehrkörpersimulation (MKS) ist eine Methode der numerischen Simulation, bei der einfache wie auch komplexe Mehrkörpersysteme betrachtet werden, die sich aus einzelnen Bauteilen zusammensetzen. Die Zusammensetzung wird über einfache, starre oder elastische Körper realisiert, die über Gelenke, Federn, Dämpfer oder andere Kontaktverbindungen gekoppelt sind. Die MKS ist ein sehr nützliches Werkzeug, das zur Bewegungsanalyse herangezogen wird mit besonderem Fokus auf die Interaktionen zwischen einzelnen Bauteilen. Hierdurch werden Lasten ermittelt, die sich als Konsequenz überlagerter Lasten und Massenträgheiten eines Systems ergeben. Diese Lasten werden zur frühzeitigen Erkennung von Verformungen und Spannungen herangezogen. Neue und schnelle Auslegungen von abgeänderter Kinematik helfen schließlich optimierte Lösungen zu finden. Häufig werden MKS-Tools während der Produktentwicklung verwendet, um die Eigenschaften von Sicherheit, Komfort, Lebensdauer und Leistung zu bewerten.

Grundsätzlich wird die MKS unterteilt in die kinematische und dynamische Berechnung. Bei einer kinematischen Betrachtung haben die Systeme keine dynamischen Freiheitsgrade. Da die zeitliche Veränderung hierbei unerheblich ist, sind stationäre Betrachtungen ausreichend, um Systeme zu bewerten. Bei komplexeren Problemstellungen hingegen reicht es nach Gesichtspunkten höherer Genauigkeitsanforderungen oft nicht aus, Körper vereinfacht als starr zu betrachten. Insofern wird die strukturelle Elastizität der Bauteile mit eingebunden, sodass zusätzliche, verformungsbedingte Spannungen mit berücksichtigt werden. Die detailliertere Abbildung der starren MKS wird erst mithilfe der Integration zusätzlicher Simulationsverfahren sowie die Finite Elemente Methode (FEM), Strömungssimulation (CFD), Thermodynamik oder Ähnlichem realisiert. Neben dem geringen Mehraufwand der Modellierung und des dadurch höheren Rechenaufwands stehen dem wesentlich genauere Voraussagen über Deformation, Dynamik und Bauteilbelastung gegenüber.

**Finite Elemente**

Die Finite-Elemente-Analyse (FEM) ist ein numerisches Berechnungsverfahren für Festigkeits- und Verformungsuntersuchungen von Körpern mit statischen und dynamischen Belastungszuständen, das sich in den letzten Jahrzehnten in der Entwicklung mechanischer Bauteile für industrielle Anwendungen durchgesetzt hat und heute unverzichtbar ist. In der Anwendung von Finite Element Analysis (FEA)-Software, werden CAD-gefertigte Bauteile importiert und in eine Vielzahl von kleinen finiten Einheiten unterteilt (meshing). Ist die Untersuchung der Belastung von kritischen Randzonen eines Körpers von hohem Interesse, so werden diese gewählten Bereiche höher aufgelöst als andere, sodass detaillierte Ergebnisse erzielt werden können. Je nach Wahl der Auflösung unter der Form der kleinsten Volumenelemente (Tetraeder, Hexaeder, Oktaeder etc.) können auf Kosten einer höheren Rechenzeit tiefere Einblicke in das Strukturverhalten ermöglicht werden.

Die Anwendungsmöglichkeiten der FEM haben sich vor allem in den letzten Jahren, Dank der Verfügbarkeit von hoch leistungsfähigen Rechnern, massiv erweitert. Hierdurch wird ermöglicht, vermehrt gekoppelte Problemstellungen zu untersuchen, wie z. B. die Kombination mit Mehrkörpersystemen sowie Wechselwirkung zwischen Strukturen und Fluiden aus der (CFD), Akustik, Thermomechanik, Thermo-Chemie, Ferro-Elektrik, Elektromagnetik und anderen relevanten Bereichen. Grundsätzlich werden FEM-Anwendungen in **statische, dynamische** und **modale** Problemstellungen unterteilt. Mithilfe von statischen Analysen können linear statische und nichtlinear quasi-statische Strukturen analysiert werden. Mit einer dynamischen Analyse hingegen, können oszillierende oder instationäre Belastungen von Bauteilen auf ihre Struktur analysiert werden. Die Modalanalyse wird dann herangezogen, wenn die Ermittlung von Eigenfrequenzen einer Struktur durch Schwingungsanregungen und der Vorbeugung unerwünschter Interferenzen im Fokus steht.

**Abb. 3.11** 2D und 3D finite Elemente mit linearer, quadratischer und kubischer Verformung

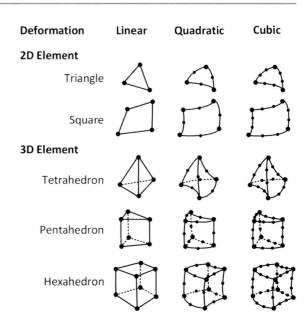

Um Körper jeglicher Art mit entsprechenden Werkstoffen und beliebigen Anwendungsgebieten auf Belastung, Verformung und Lebensdauer zu untersuchen, werden diese für eine FEM Untersuchung in finite Elemente unterteilt. Hieraus resultiert ein sogenanntes „Netz" oder auch „Mesh" des Körpers. Je feiner das Netz in finite (endlich kleine) Elemente unterteilt wird, desto höher wird die Auflösung der Ergebnisse, was allerdings in direktem Zusammenhang mit einem höheren Berechnungsaufwand steht. Aufgrund ihrer Effektivität, haben sich im Angebot konventioneller Software für 2D-Oberflächen Dreiecks- und Viereckselemente durchgesetzt. Für dreidimensionale Körper hingegen Tetraeder-, Pentaeder- und Hexaeder-Elemente wie in Abb. 3.11 dargestellt. Soll neben der Belastung auch die Verformung von Körpern berechnet werden, so können hierfür quadratische oder kubische Elemente gewählt und übersetzt werden.

Abb. 3.12 stellt an einem 2D-Verbindungsträger dar, wie eine mögliche Überführung eines Körpers in finite Elemente aussehen kann. Das Element ist zur linken und zur unteren Seite fixiert. Eine Vernetzung ist beispielhaft mit Dreieckselementen (quadratic) vorgenommen mit einer groben Vernetzung (Mitte) und einer feineren Vernetzung (rechts).

FEM beschäftigt sich hauptsächlich mit der Lösung von Randwertproblemen. Als Randwertproblem werden mathematische Probleme bezeichnet, für die zu einer vorgegebenen Differentialgleichung Lösungen gesucht werden, sodass sich an den Grenzen des Definitionsbereiches bestimmte Randbedingungen ergeben. Grundsätzlich können hierzu zwei verschiedene Verfahren gewählt werden, das Aufstellen eines Kräftegleichgewichts (force balance) oder die Anwendung einer Energiebilanz (energy balance), wobei in konventionellen FEM-Simulationstools üblicherweise beide Methoden zur Verfügung stehen. Dadurch

**Abb. 3.12** Finite Elemente mit
unterschiedlicher Netztiefe (2D
Fläche)

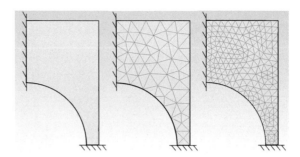

können zu Beginn gewählte Randbedingungen eines Ansatzes über die Kräftebilanz im
Nachhinein durch einen Ansatz der Energiebilanz auf Plausibilität überprüft werden.

Grundsätzlich können mit den Methoden der FEM neben mechanischen Belastungsanaly-
sen auch thermische Belastungen sowie Fragestellungen über elektrischen und magnetischen
Fluss durch Festkörper analysiert werden. Der Bearbeitungsprozess einer FEM-Analyse
folgt dabei stets einem Schema:

- Definition eines Randwertproblems (2D, 3D Randbedingungen)
- Erstellen eines Modells (Importieren einer CAD-Datei)
- Definition aller Lasten (statische oder dynamische Belastung)
- Vernetzung des Modells (Auflösung der Zellen, linear, quadratisch oder kubische Ver-
  formung)
- Definition der Analysemethode (Kräftebilanz, Energiebilanz)

Nachdem ein Bauteil in kleine finite Elemente aufgeteilt wurde, wird an jedem Element die
Kräftebilanzen aufgestellt und die Gleichungen der Elastizitätstheorie angewendet.

## 3.4.1  Elastizitätstheorie

Am Beispiel des Ausschnitts eines kubischen Volumens, welches im verformten Zustand
einem Hexaeder entspricht, werden zunächst alle relevanten Kräfte und Spannungen dargestellt. Die Normalspannungen, die senkrecht zur quadratischen Oberfläche stehen, werden als $\sigma_x, \sigma_y, \sigma_z$ bezeichnet. Die in die Flächenrichtung zeigenden Scherspannungen als
$\tau_{xy}, \tau_{yz}, \tau_{xz}$. Gemeinsam mit den angreifenden Kräften $f_x, f_y, f_z$ am Volumen kann das
System als Randwertproblem definiert und aufgestellt werden (Abb. 3.13).

Infolge der Elastizität eines Körpers, führen die angreifenden Kräfte an einem Volumenelement zu einer Verformung und damit zu einer Verschiebung der Geometrie. Die Ermittlung der Verschiebung der Einzelvolumen und somit der Gesamtheit aller Volumenelemente,
die einen Körper formen, bildet den eigentlichen Fokus einer jeden FEA-Berechnung. Vier

**Abb. 3.13** Kräftebilanz an einem Körper

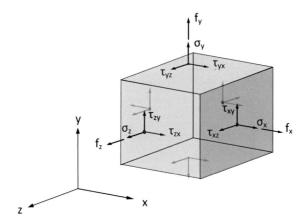

Schritte der Elastizitätstheorie können zur Ermittlung von Verformungen zusammengefasst werden:

1. Das Kräfte- und Momentengleichgewicht
2. Das Verhältnis zwischen Dehnung und Verformung $\varepsilon - u$ und die Materialkontinuität
3. Das Spannungs-Dehnungs-Verhalten $\sigma - \varepsilon$
4. Randwertproblem und Verformungsfunktion u(x)
5. Das Ermitteln der Steifigkeitsmatrix [k] und des Verschiebungsvektors {d}

**1. Kräfte- und Momentengleichgewicht**
Stellt man nach Abb. 3.13 die Gleichungen für das Kräfte- und Momenten-Gleichgewicht auf, so erhält man insgesamt 6 Differentialgleichungen und 9 unbekannte Größen ($\tau_{xy}, \tau_{yz}\tau_{xz}, \tau_{zx}\tau_{yx}, \tau_{zy}, \sigma_x, \sigma_y, \sigma_z$). Das Randwertproblem setzt voraus, dass die am Volumen angreifenden Kräfte $f_x$, $f_y$, $f_z$ bekannt sind.

Kräftegleichgewicht:

$$0 = f_x + \frac{\partial \sigma_x}{\partial x} + \frac{\partial \tau_{yx}}{\partial y} + \frac{\partial \tau_{zx}}{\partial z} \quad (1)$$

$$0 = f_y + \frac{\partial \sigma_y}{\partial y} + \frac{\partial \tau_{xy}}{\partial x} + \frac{\partial \tau_{zy}}{\partial z} \quad (2)$$

$$0 = f_z + \frac{\partial \sigma_z}{\partial z} + \frac{\partial \tau_{xz}}{\partial x} + \frac{\partial \tau_{yz}}{\partial y} \quad (3)$$

Momentengleichgewicht:

$$\tau_{xy} = \tau_{yx} \quad (4)$$

$$\tau_{yz} = \tau_{zy} \quad (5)$$

$$\tau_{xz} = \tau_{zx} \quad (6)$$

Die Gleichungen (4), (5) und (6) sorgen dafür, dass 3 der Spannungsgrößen eliminiert werden, sodass 3 Differentialgleichungen (1), (2), (3) und die 6 unbekannten Größen $(\tau_{xy}, \tau_{yz}, \tau_{xz}, \sigma_x, \sigma_y, \sigma_z)$ verbleiben.

**2. Das Verhältnis zwischen Dehnung und Verformung $\varepsilon - u$ und die Materialkontinuität**

Wirken an einem Körper Kräfte, so findet in Richtung der Krafteinwirkung eine Dehnung statt. Die Dehnung wird näherungsweise als Verhältnis zwischen der gedehnten Länge $\delta u$ und der Gesamtlänge $\delta x$ definiert, so wie in Abb. 3.14 dargestellt. Betrachtet man ein infinitesimales Volumenelement, so kann die Dehnung als partielle Ableitung dargestellt werden. Es ergeben sich hierdurch 3 neue Differentialgleichungen mit 6 unbekannten Größen, und zwar den 3 Dehnungsgrößen $(\varepsilon_x, \varepsilon_y, \varepsilon_z)$ und den 3 Verformungsvariablen $(u, v, w)$.

$$\varepsilon_x = \frac{\partial u}{\partial x} \quad (7)$$

$$\varepsilon_y = \frac{\partial v}{\partial y} \quad (8)$$

$$\varepsilon_z = \frac{\partial w}{\partial z} \quad (9)$$

Neben der Dehnung kommt es infolge der angreifenden Kräfte zusätzlich zu einer Verformung des Volumenelements, insofern das Volumen an den Rändern nicht fest gelagert ist. In Abb. 3.15 ist ein Volumenelement an der Kante links unten fixiert (A-B). Greifen die

**Abb. 3.14** Dehnung eines Körpers

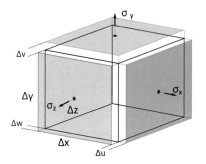

**Abb. 3.15** Schubverformung
eines Körpers

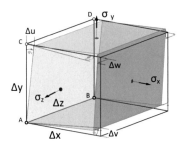

Normalspannung $\sigma_x$, $\sigma_y$, $\sigma_z$ auf den Körper ein, so verformt sich dieser mit dem Winkel $\varphi_1$ infolge von $\sigma_y$, mit dem Winkel $\varphi_2$ infolge von $\sigma_x$ und dem Winkel $\varphi_3$ infolge von $\sigma_z$. Hieraus können 3 Differentialgleichungen für die Schubverformungen $\gamma_{xy}$, $\gamma_{yz}$, $\gamma_{xz}$ aufgestellt werden, die sich aus den Kräften in der Planebene ergeben.

$$\gamma_{xy} = \varphi_1 + \varphi_2 + \frac{\partial v}{\partial x} + \frac{\partial u}{\partial y} \quad (10)$$

$$\gamma_{yz} = \varphi_2 + \varphi_3 + \frac{\partial u}{\partial y} + \frac{\partial w}{\partial y} \quad (11)$$

$$\gamma_{xz} = \varphi_1 + \varphi_3 + \frac{\partial v}{\partial x} + \frac{\partial w}{\partial y} \quad (12)$$

Aus praktischen Gründen werden die Dehnungsvariablen und Schubspannungen in einem Dehnungsvektor zusammengefasst, wie in Gl. 3.77 dargestellt. Die partielle Ableitungen der Verformungen werden auf der rechten Seite der Gleichung voneinander gelöst und in eine partielle Ableitungs-Operatormatrix und dem Verformungsvektor unterteilt.

$$\underbrace{\begin{pmatrix} \varepsilon_x \\ \varepsilon_y \\ \varepsilon_z \\ \gamma_{xy} \\ \gamma_{yz} \\ \gamma_{xz} \end{pmatrix}}_{Dehnungsvektor} = \underbrace{\begin{pmatrix} \frac{\partial}{\partial x} & 0 & 0 \\ 0 & \frac{\partial}{\partial y} & 0 \\ 0 & 0 & \frac{\partial}{\partial z} \\ \frac{\partial}{\partial y} & \frac{\partial}{\partial x} & 0 \\ 0 & \frac{\partial}{\partial z} & \frac{\partial}{\partial y} \\ \frac{\partial}{\partial z} & 0 & \frac{\partial}{\partial x} \end{pmatrix}}_{Operatormatrix} \cdot \underbrace{\begin{pmatrix} u \\ v \\ w \end{pmatrix}}_{Verformungsvektor} \qquad (3.77)$$

Das Verhältnis zwischen Dehnung und Verformung kann zusammengefasst in der vektoriellen Schreibweise $\varepsilon = [\partial] \cdot u$ dargestellt werden. Insgesamt ergeben sich durch diese Beziehung 9 unbekannte Größen ($\varepsilon_x$, $\varepsilon_y$, $\varepsilon_z$, $\gamma_{xy}$, $\gamma_{yz}$, $\gamma_{xz}$, $u$, $v$, $w$) und 6 Differentialgleichungen.

### 3. Das Spannungs-Dehnungs-Verhältnis $\sigma - \varepsilon$

Das Spannungs-Dehnungs-Verhalten wird durch das Hook'sche Gesetz wiedergegeben, welches eine lineare Beziehung zwischen der Spannung $\sigma$ und der Dehnung $\varepsilon$ durch das Elastizitätsmodul $E$ beschreibt. Per Definition gilt das Gesetz für Materialien nur im linear elastischen Bereich. Sobald eine plastische Verformung eintritt, treten physikalische Phänomene auf, die viel komplexeren Gesetzmäßigkeiten folgen.

$$\sigma = E \cdot \varepsilon \tag{3.78}$$

Eine weitere wichtige Materialkonstante kommt durch die Poisson-Zahl $\nu$ ins Spiel, welche ein Maß für die Querkontraktion darstellt. Gegeben durch die Materialkontinuität beschreibt der Poisson-Effekt die Neigung eines Materials, sich senkrecht zur Kompressionsrichtung auszudehnen. Umgekehrt, wenn ein Material gestreckt wird, neigt es dazu, sich quer zur Streckrichtung zusammenzuziehen.

In Abb. 3.16 ist dargestellt, wie sich ein Körper unter Berücksichtigung der Querkontraktionen im linear-elastischen Bereich ausdehnt, wenn er einer Normalspannung ausgesetzt wird. Bei einer Kraftausübung in x-Richtung, dehnt sich der Körper um das Dehnungsverhältnis $\varepsilon'_x = \frac{\sigma_x}{E}$, bei einer Kraftausübung in y-Richtung zieht sich der Körper um $\varepsilon''_x = -\nu \frac{\sigma_y}{E}$ zusammen und wirkt die Kraft in z-Richtung, so kontrahiert er um $\varepsilon'''_x = -\nu \frac{\sigma_z}{E}$. Die gesamte Kontraktion eines Körpers in x-Richtung setzt sich aus den Einzeldehnungen zusammen:

$$\varepsilon_x = \varepsilon'_x + \varepsilon''_x + \varepsilon'''_x \tag{3.79}$$

Geht man gleichermaßen für die Koordinatenrichtungen y und z vor, so kann die Querkontraktion folgendermaßen beschrieben werden:

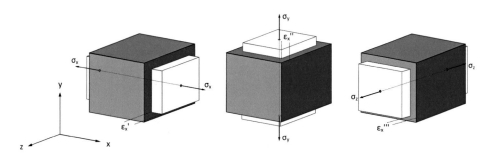

**Abb. 3.16** Querkontraktion eines Körpers

$$\varepsilon_x = \frac{1}{E}\left[\sigma_x - v\left[\sigma_y + \sigma_z\right]\right] \quad (13)$$

$$\varepsilon_y = \frac{1}{E}\left[\sigma_y - v\left[\sigma_x + \sigma_z\right]\right] \quad (14)$$

$$\varepsilon_z = \frac{1}{E}\left[\sigma_z - v\left[\sigma_x + \sigma_y\right]\right] \quad (15)$$

Gleichermaßen lassen sich die Schubverformungen $\gamma$ ins Verhältnis setzen mit den Schubspannungen $\tau$, woraus sich 3 weitere Gleichungen ergeben.

$$\gamma_{xy} = \frac{\tau_{xy} \cdot 2\,(1+v)}{E} \quad (16)$$

$$\gamma_{yz} = \frac{\tau_{yz} \cdot 2\,(1+v)}{E} \quad (17)$$

$$\gamma_{xz} = \frac{\tau_{xz} \cdot 2\,(1+v)}{E} \quad (18)$$

Aus praktischen Gründen wird auch hier gerne die vektorielle Schreibweise herangezogen.

$$\begin{pmatrix} \sigma_x \\ \sigma_y \\ \sigma_z \\ \tau_{xy} \\ \tau_{yz} \\ \tau_{xz} \end{pmatrix} = \begin{pmatrix} \frac{1-v}{1-2v} & \frac{v}{1-2v} & \frac{v}{1-2v} & 0 & 0 & 0 \\ 0 & \frac{1-v}{1-2v} & 0 & 0 & 0 & 0 \\ 0 & 0 & \frac{1-v}{1-2v} & 0 & 0 & 0 \\ 0 & 0 & 0 & \frac{1}{2} & 0 & 0 \\ 0 & 0 & 0 & 0 & \frac{1}{2} & 0 \\ 0 & 0 & 0 & 0 & 0 & \frac{1}{2} \end{pmatrix} \cdot \begin{pmatrix} \varepsilon_x \\ \varepsilon_y \\ \varepsilon_z \\ \gamma_{xy} \\ \gamma_{yz} \\ \gamma_{xz} \end{pmatrix} \quad (3.80)$$

Das Spannungs-Dehnungs-Verhältnis kann zusammengefasst in der vektoriellen Schreibweise dargestellt werden: $\{\sigma\} = [D]\{\varepsilon\}$. Die Matrix $[D]$ wird als die Materialcharakteristische Matrix oder auch als Elastizitätsmatrix bezeichnet.

Durch die Gesetzmäßigkeiten der Spannungs-Dehnungs-Verhältnisse entstehen somit 6 weitere Gleichungen ohne hinzukommende Unbekannten. Gemeinsam mit dem Kräfte- und Momentengleichgewicht aus (1.) und dem Verhältnis zwischen Dehnung und Verformung aus (2.) werden in Summe 18 Gleichungen mit 18 unbekannten Variablen vereint, sodass sich ein lösbares Gleichungssystem ergibt und schließlich der Verschiebungsvektor $\{d\}$ gelöst werden kann.

### 4. Randwertproblem und Verformungsfunktion *u(x)*

Um die Differentialgleichung zu lösen, muss eine Annahme über das Verschiebungsfeld getroffen werden. Typischerweise werden für Balkenelemente lineare Verschiebungsfelder mit einer Funktion $u(x) = a_0 + a_1 \cdot x$ angenommen. In einem Netz bieten übliche FEA-Software mehrere Möglichkeiten zur Auswahl an. Anhand eines Beispiels an einem

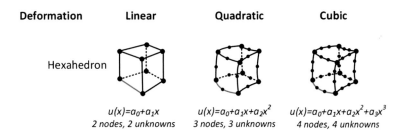

**Abb. 3.17** Anzahl an Knoten pro Körperkante durch eine Verformungsfunktion

Hexaeder wird gezeigt, dass ein linearer Ansatz, ein quadratischer, ein kubischer oder eine Funktion einer höheren Ordnung prinzipiell möglich ist. Allerdings erhöhen sich mit der Ordnung die Rechenoperationen und somit auch die Berechnungszeit exponentiell.

**5. Das Ermitteln der Steifigkeitsmatrix [k] und des Verschiebungsvektors {d}**
Nachdem in (4.) Randwerte für die Verformung aller Zellen definiert wurden, ist zuletzt die Verschiebung der Knoten für ein finites Element und zusammenfassend die Verschiebung aller Knoten eines Gesamtsystems zu ermitteln, das sich aus vielen finiten Elementen zusammensetzt.

Betrachtet man ein 2-dimensionales finites Element mit einem Rechteckprofil und einer linearen Verformungsfunktion (siehe Abb. 3.17), das mit den Kräften $F_x$ und $F_y$ beansprucht wird, so verschieben sich alle Knoten um den Verformungsvektor $\{d_i\}$.

Gemeinsam mit der Steifigkeitsmatrix [k] stellt das System aus linearen Gleichungen eine vereinfachte Beziehung zwischen Belastungen und Verschiebungen in jedem Element für den Knoten $i$ dar, das gelöst werden muss, um eine ungefähre Lösung der Differentialgleichungen aus (1) bis (18) zu erhalten.

$$\{f\}_i = [k]_i \cdot \{d\}_i \qquad (3.81)$$

Anschließend wird das Gesetz der Kontinuität für das Gesamtsystem angewendet. Dies stellt sicher, dass Lasten und Verschiebungen zwischen allen Elementen verbunden werden und

**Abb. 3.18** Verschiebung aller
Knoten eines Körpers
dargestellt durch den
Verschiebungsvektor $\{d_i\}$

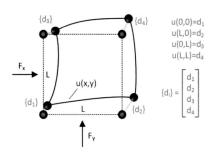

es innerhalb eines Gesamtsystems nicht zu einer Materiallücke oder einer -überlappung kommt.

$$\{F\} = [K] \cdot \{D\} \tag{3.82}$$

Die Lösung der nodalen Verschiebungen wird durch Invertieren der Matrix und das Auflösen nach $\{D\}$ ermittelt.

$$\{D\} = [K]^{-1} \cdot \{F\} \tag{3.83}$$

Ist der Verschiebungsvektor $\{D\}$ ermittelt, lassen sich in jedem Elementenknoten durch die im Vorfeld vorgestellten Gleichungen alle Spannungen (Normalspannungen und Schubspannungen) sowie Dehnungen und Schubverformungen ermitteln. [18]

### 3.4.2  Alternative Methoden

Neben der vorgestellten Methode, die Lösung eines Randwertproblems über die Kräftebilanz zu lösen, stehen ebenfalls alternative Möglichkeiten zur Wahl. Zu den bekanntesten zählen die Energiemethode (Minimale Potentialtheorie), das Prinzip der virtuellen Arbeit oder das Raileigh Ritz Näherungsverfahren. Im Folgenden wird am Beispiel der minimalen Potentialtheorie gezeigt, wie ein identisches Problem durch das Anwenden einer Energiebilanz gelöst werden kann. [19]

**Minimale Potentialtheorie**
Erfährt ein Körper eine oder mehrere angreifende Lasten, so entstehen im Körper innere Spannungen. In der Gesamtheit kann die potentielle Energie des Körpers $\pi_p$ als Summe der inneren Energie $U$ und des Potentials innerer und äußerer Kräfte $\Omega$ beschrieben werden.

$$\pi_p = U + \Omega \tag{3.84}$$

Die Deformation eines Körpers entspricht der inneren Energie und muss laut Energieerhaltungssatz mit der von außen einwirkenden Energie im Gleichgewicht stehen. Insofern kann das Gleichungssystem durch ein Extremwertproblem gelöst werden.

Von allen möglichen Deformationen eines Körpers hat die Gleichgewichtsdeformation die geringste Gesamtpotentialenergie oder anders ausgedrückt: Die Gesamtpotentialenergie eines Systems ist stationär, wenn das System im Gleichgewicht steht und die Veränderung der potentiellen Energie minimal wird ($\delta\pi_p = 0$). Da die gesamte potentielle Energie von den Einzelverformungen des Körpers, also von den Verformungen aller Knotenpunkte abhängt, kann sie als Funktion der Freiheitsgrade (Knotenverschiebungen) beschrieben werden:

$$\pi_p = \{d_1, d_2 \ldots d_n\} \tag{3.85}$$

Mit der Kettenregel für die Ableitung verschachtelter Funktionen ergibt sich für die Ableitung von $\pi_p$:

$$\delta\pi_p = \frac{\partial\pi_p}{\partial d_1}\delta d_1 + \frac{\partial\pi_p}{\partial d_2}\delta d_2 + \ldots + \frac{\partial\pi_p}{\partial d_n}\delta d_n \tag{3.86}$$

Hieraus ergibt sich für die Bedingung $\delta\pi_p = 0$, dass alle Einzelpartiale null ergeben müssen:

$$\frac{\partial\pi_p}{\partial d_1} = 0, \frac{\partial\pi_p}{\partial d_2} = 0, \ldots, \frac{\partial\pi_p}{\partial d_n} = 0 \tag{3.87}$$

Zusammengefasst gilt für den Verschiebungsvektor:

$$\frac{\partial\pi_p}{\partial\{d\}} = 0 \tag{3.88}$$

Dies formt ein System von $n$ Gleichungen, mit denen die Verschiebung der Knoten ermittelt werden muss. Die innere Energie $U$ eines unter Spannung gesetzten Körpers wird errechnet aus dem Integral der inneren Spannung und der Dehnung des Volumens.

$$U = \frac{1}{2}\int_V \{\sigma\}^T\{\varepsilon\}dV \tag{3.89}$$

Anders als in Gl. 3.78 fließt für eine energetische Betrachtung der Spannung $\sigma$ eine zusätzliche Spannung $\sigma_0$ mit ein, die die energetische Startbedingung abzüglich der thermischen Dehnung $\varepsilon_0$ zum Zeitpunkt 0 beschreibt.

$$\{\sigma\} = \{\sigma_0\} + [D]\left(\{\varepsilon\} - \{\varepsilon_0\}\right) \tag{3.90}$$

Nach der Produktregel für Matrizen ergibt sich nach Auflösen der Klammer die transponierte Gleichung:

$$\{\sigma\}^T = \underbrace{\{\sigma_0\}^T}_{\text{initial stresses}} + \underbrace{\{\varepsilon^T\}[D]^T}_{\text{strains from loads}} - \underbrace{\{\varepsilon_0\}^T[D]^T}_{\text{thermal strains}} \tag{3.91}$$

Eingesetzt in Gl. 3.89 erhält man für die innere Energie U:

$$U = \underbrace{\frac{1}{2}\int_V\{\sigma_0\}^T\{\varepsilon\}dV}_{\text{initial stresses}} + \underbrace{\frac{1}{2}\int_V\{\varepsilon\}^T[D]^T\{\varepsilon\}dV}_{\text{strains from loads}} - \underbrace{\frac{1}{2}\int_V\{\varepsilon_0\}^T[D]^T\{\varepsilon\}dV}_{\text{thermal strains}} \tag{3.92}$$

Stellt man die Energiebilanz für das Potential der Kräfte $\Omega$ auf, die von außen auf das System angreifen, sind 3 Terme zu berücksichtigen: 1. Kräfte die auf den Körper wirken, 2. Oberflächenkräfte und 3. Kräfte die auf die Knoten wirken.

$$\Omega = - \underbrace{\int_V \{u\}^T \{f_B\} dV}_{body\,force} - \underbrace{\int_S \{u_S\}^T \{f_S\} dS}_{surface\,tractions} - \underbrace{\{d\}^T \{f_p\}}_{nodal\,point\,loads} \tag{3.93}$$

Zusammengefasst ergibt die totale potentielle Energie durch Einsetzen der Terme $U$ und $\Omega$ in Gl. 3.84:

$$\pi_p = \underbrace{\frac{1}{2} \int_V \{\sigma_0\}^T \{\varepsilon\} dV}_{initial\,stresses} + \underbrace{\frac{1}{2} \int_V \{\varepsilon\}^T [D]\{\varepsilon\} dV}_{strains\,from\,loads} - \underbrace{\frac{1}{2} \int_V \{\varepsilon_0\}^T [D]\{\varepsilon\} dV}_{thermal\,strains}$$

$$- \underbrace{\int_V \{u\}^T \{f_B\} dV}_{body\,force} - \underbrace{\int_S \{u_S\}^T \{f_S\} dS}_{surface\,tractions} - \underbrace{\{d\}^T \{f_p\}}_{nodal\,point\,loads} \tag{3.94}$$

Nach Abb. 3.18 kann die Verformung $\{u\}$ durch die Knotenpunktmatrix $[N]$ auf den Verschiebungsvektor $\{d\}$ der Knoten mit der Gleichung $\{u\} = [N]\{d\}$ projiziert werden.

$$\{\varepsilon\} = [\partial]\{u\} = [\partial][N]\{d\} = [B]\{d\} \tag{3.95}$$

Mit der Einführung der partiellen Ableitung der Knotenpunktmatrix $[\partial][N] = [B]$ ergibt sich folgende vereinfachte Schreibweise für die potentielle Energie:

$$\pi_p = \frac{1}{2} \int_V \{\sigma_0\}^T [B]\{d\} dV + \frac{1}{2} \int_V \{d\}^T [B]^T [D][B]\{d\} dV - \frac{1}{2} \int_V \{\varepsilon_0\}^T [D][B]\{d\} dV$$

$$- \int_V \{d\}^T [N]^T \{f_B\} dV - \int_S \{d\}^T [N_S]^T \{f_S\} dS - \{d\}^T \{f_p\} \tag{3.96}$$

Zieht man den Vektor $\{d\}$ aus dem Integral und wendet zur Ermittlung des Extremwerts die Gleichung $\frac{\partial \pi_p}{\partial \{d\}} = \{0\}$ aus 3.88 an, so ergibt sich:

$$\{0\} = \left( \frac{1}{2} \int_V \{\sigma_0\}^T [B] dV \right) \{d\} + \frac{1}{2} \{d\}^T \left( \int_V [B]^T [D][B] dV \right) \{d\} - \left( \frac{1}{2} \int_V \{\varepsilon_0\} [D][B] dV \right) \{d\}$$

$$- \{d\}^T \left( \int_V [N]^T \{f_B\} dV \right) - \{d\}^T \left( \int_S [N_S]^T \{f_S\} dS \right) - \{d\}^T \{f_p\} \tag{3.97}$$

Wendet man einige Grundregeln der linearen Algebra für die Multiplikation von Vektoren und Matrizen an und fasst den Verschiebungsvektor $\{d\}$ zusammen, so ergibt sich die folgende finale Form der Gleichung, die nun die selbe Charakteristik besitzt wie die Gleichung der Steifigkeitsmatrix aus der Elastizitätstheorie 3.81, womit sich schließlich der Verschiebungsvektor für ein finites Element bzw. den Verschiebungsvektor $\{d\}$ für einen Körper in der Summe vieler finiter Elemente ermitteln lässt.

$$\frac{1}{2} \int_V \{\sigma_0\}^T [B] dV - \frac{1}{2} \int_V \{\varepsilon_0\}[D][B]dV - \underbrace{\int_V [N]^T \{f_B\}dV - \int_S [N_S]^T \{f_S\}dS - \{f_p\}}_{\{f\}}$$

$$= \underbrace{\left( \int_V [B]^T [D][B]dV \right)}_{[k]} \cdot \underbrace{\{d\}}_{\{d\}} \qquad (3.98)$$

## 3.5 Akustik

Die numerische Akustik hat sich in den letzten Jahren parallel mit der schnell steigenden Leistungsfähigkeit von Computern rasant weiterentwickelt und durchdringt nahezu alle Fachgebiete der Akustik. Zu den am weitest verbreiteten wellentheoretischen Verfahren der numerischen Akustik zählt die Randelementenmethode, die Finite-Elemente-Methode und die Ersatzstrahlmethode.

Grundsätzlich wird unterschieden zwischen Problemstellungen der Akustik in Gasen und dem Festkörperschall. Naheliegend ist, dass sich inhaltlich die Akustik von Gasen an den Grundlagen der Strömungsdynamik orientiert. Im Gegensatz dazu lehnt sich die Theorie von Festkörperschall an den Berechnungsgrundlagen, die ebenso für Strukturberechnungen verwendet werden. [20]

Ein in der Akustik gängiges Verfahren ist die Fourieranalyse. Dieses Verfahren wird vor allem eingesetzt, um spektrale Analysen eines akustischen Signals vorzunehmen, vor allem um synthetische Signale zu erzeugen oder zu reproduzieren.

Nach dem Fourier-Theorem lässt sich ein periodisches Signal $f(t)$ mit der Periodendauer $T$ durch einen Gleichanteil und einer unendlichen Summe harmonischer Signale $h_i(t)$ mit unterschiedlichen Kreisfrequenzen $\omega_i$ darstellen, die sich in ihren Amplituden $c_i$ und Phasen $\varphi_i$ unterscheiden. Die Kreisfrequenzen der Unterschwingungen bilden jeweils Vielfache der Grundkreisfrequenz $\omega_0 = \frac{2\pi}{T}$. Für speziell periodische Funktionen ist die Summendarstellung, die auch als trigonometrische Reihe oder Fourier-Reihe bezeichnet wird, folgendermaßen darstellbar:

$$f(t) = c_0 + \sum_{i=1}^{\infty} [a_i \cos(i\omega_0 \cdot t) + b_i \sin(i\omega_0 \cdot t)] \qquad (3.99)$$

Die Größen $c_0$, $a_i$ und $b_i$ werden als Fourier-Koeffizienten bezeichnet. $c_0$ stellt den Mittelwert (Gleichanteil) des Signals $f(t)$ dar. Steht $f(t)$ z. B. für einen zeitlich oszillierenden Druck $p(t)$, entspricht $c_0$ dem mittleren Wert des Drucksignals. Die Darstellung der Fourier-Reihe lässt sich vereinfachen, wenn man folgenden Zusammenhang benutzt:

$$a_i \cos{(i\omega_0 \cdot t)} + b_i \sin{(i\omega_0 \cdot t)} = c_i \cos{(i\omega_0 \cdot t + \varphi_i)} \quad (3.100)$$

$$c_i = \sqrt{a_i^2 + b_i^2} \quad (3.101)$$

$$\varphi_i = arctan\left(\frac{a_i}{b_i}\right) \quad (3.102)$$

Damit wird aus Gl. 3.99 die sogenannte spektrale Darstellung der Fourier-Reihe:

$$f(t) = c_0 + \sum_{i=1}^{\infty} c_i \cos{(i\omega_0 \cdot t + \varphi_i)} \quad (3.103)$$

Ein periodisches Signal $f(t)$ kann somit nach einer Fourieranalyse durch die folgenden Größen dargestellt werden. [21]

$c_0 :$    = Gleichanteil (Mittelwert des Signals $f(t)$)
$c_i :$    Amplitude der Ordnung $i$
$\varphi_i :$    Phase der Ordnung $i$

Für ein periodisches Signal lautet die Hintransformation aus der zeitlichen Darstellung in die spektrale Form in integraler und komplexer Schreibweise:

$$F(\omega) = \int_{-\frac{T}{2}}^{\frac{T}{2}} f(t)e^{-i\omega t}\mathrm{d}t \quad (3.104)$$

Die Rücktransformation aus der spektralen in die zeitliche Darstellung lautet:

$$f(t) = \int_{-\frac{T}{2}}^{\frac{T}{2}} f(\omega)e^{+i\omega t}\mathrm{d}\omega \quad (3.105)$$

Die zu transformierende Funktion $f(t)$ ist allerdings häufig nicht bekannt, sondern kann nur zu $N$ diskreten Zeiten mit $t_k = (N-1) \cdot \Delta t$ abgegriffen werden. Für diesen Fall wird die diskrete Fourier-Transformation (DFT) herangezogen. Diese trifft die Annahme, dass $f(t)$ außerhalb des Intervalls eine periodische Fortsetzung erfährt. Die Fourier-Koeffizienten werden nach Definition folgendermaßen berechnet:

$$F(n) = \frac{1}{N} \sum_{n=0}^{N-1} f_n e^{\frac{-2\pi i}{N}} \quad (3.106)$$

Mithilfe der inversen diskreten Fourier-Transformation (IDFT) erfolgt die Rücktransformation. Die Überführung aus dem spektralen in den zeitlichen Bereich lautet:

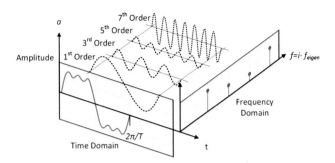

**Abb. 3.19** Zeit- und Frequenzspektrum durch Überlagerung harmonischer Signale

$$f(n) = \frac{1}{N} \sum_{n=0}^{N-1} F_n e^{\frac{+2\pi i}{N}} \tag{3.107}$$

Ausgehend von Cooley et al. wurde ein Algorithmus entwickelt, mit der die Anzahl an komplexen Rechenoperationen zur Berechnung der Spektrallinien der DFT um den Faktor $\frac{N}{\ln N}$ reduziert werden kann [22]. Auf Grund des geringeren Rechenaufwandes und des damit einhergehenden kürzeren Rechenprozesses wird in diesem Zusammenhang die numerisch günstige Ausführungsvorschrift der DFT als schnelle Fourier Transformation (FFT) bezeichnet [23].

Abb. 3.19 zeigt Signale unterschiedlicher Amplituden und Ordnungen einer Grundfrequenz $f_{eigen}$ (hier Ordnung 1, 3, 5, 7) und projiziert diese sowohl auf den Zeitbereich (Time-Domain), wo die Überlagerung aller Einzelordnungen wiederzuerkennen ist. Gleichzeitig findet eine Projektion auf den Frequenzbereich (Frequency-Domain) statt, der eine Aufschlüsselung aller beteiligten Signale liefert.

# Big Data für Antriebe 4

## 4.1 Antriebskonzepte der Zukunft

Politisch höchst ambitionierte $CO_2$-Grenzwerte infolge der Klimaziele, der internationale Dieselskandal, der Brexit und nicht zuletzt der Handelskrieg zwischen den USA und China haben weltweit die Automobilindustrie lahmgelegt. Alle Zeichen stehen schlagartig auf Zeitenwende und kolossaler Neuorientierung. Hersteller, Zulieferer, Dienstleister fragen sich, welche Strategie die richtige ist, um so glimpflich wie nur möglich aus der Situation herauszufinden.

Die Automobilbranche reflektiert im Grunde die digitale Transformation in all ihren weitreichenden Facetten. Als Vorreiter der Digitalisierung und all den Chancen, die dieser Begriff in sich birgt, haben die USA eine glänzende Rolle übernommen und der Welt vorgeführt, welche Leistungskraft hinter moderner Unternehmensentwicklung und schlankem Führungsstil steckt. Horizontale Wertneuschöpfungsketten sind mehr im Trend denn je und durchdringen heutige Unternehmensstrukturen unaufhaltsam. Nicht allein für moderne Unternehmen, sondern umso mehr für konservative Unternehmen ist es unausweichlich geworden, alte Strukturen zu überdenken und hochwirksame zu adaptieren, um auf dem hochkompetitiven Markt überlebensfähig zu bleiben. Die Automobilindustrie ist nun an der Reihe, auf den Prüfstand gestellt zu werden. Denn es scheint derzeit, als würden die Karten neu gemischt. Die richtige Positionierung auf dem Markt heute kann sich in wenigen Jahren als sehr erfolgreich erweisen und eine falsche Positionierung wird Unternehmen vor noch größere Probleme stellen.

**Welche Positionierung ist die richtige?**
Digitalisierung beginnt in erster Linie im Kopf und bedeutet die Veränderung von Denkmustern und als Folge eine Veränderung einer gesamten Gesellschaft. Die Individualisierung der Gesellschaft hat zu einer starken Charakterausprägung aller Individuen geführt. In diesem Zusammenhang wird oft und gern der Begriff der „Granularität" der Menschheit verwendet.

A. Mirfendreski, *Künstliche Intelligenz für die Entwicklung von Antrieben*, https://doi.org/10.1007/978-3-662-63495-0_4

Meinungen können durch soziale Medien so leicht wie nie und mit nie geahnter Reichweite zum Ausdruck gebracht werden. Im Kollektiv sind sie in der Lage, die Meinung anderer zu beeinflussen und zu manipulieren, sogar Expertenmeinungen trotz fehlenden Wissens dank medialer Kräfte zu überschatten. Als Ergebnis lässt sich erkennen, dass es nie zuvor eine solch große Meinungsdiskrepanz zwischen den Experten, der Gesellschaft und zugleich der Politik gegeben hat.

Veränderung bedeutet eben, dass es Profiteure gibt, genauso wie es Verlierer geben muss. Auf argumentativem Boden scheint der Verbrennungsmotor obsolet geworden zu sein, weil seine Potenziale sich dem Ende zuneigen und dem Klima schaden. Demgegenüber stehen allerdings keine kurzfristigen Alternativen zur Verfügung, lediglich mittelfristige Visionen. Schafft man es, weltweit Strom zu einem hohen Mixanteil regenerativ herzustellen, um die Elektromobilität durch grünes Fahren zu rechtfertigen? Gibt es ausreichend Lithium- und Cobalt-Vorkommen, um den Batteriebedarf weltweit zu decken? Und können diese Rohstoffe ressourcenorientiert und unter fairen Arbeitsbedingungen abgebaut und nachhaltig entsorgt werden? Ergibt es nicht grundsätzlich doch eher Sinn, die gesamte Verkehrsinfrastruktur zu belassen, wie sie ist und Kraftstoffe auf synthetisch und biologisch hergestellte Produkte umzustellen, um weiterhin unsere Verbrennungsmotoren, die aufgrund intensiver und langjähriger Forschung und Entwicklung einen hohen Wirkungsgrad aufweisen, anzutreiben? Diese Fragen muss jeder Automobilhersteller für sich selbst beantworten, um die strategischen Weichen für seine Zukunft zu stellen.

**Worauf steuern wir zu?**
Der Weltabsatz von Automobilen hat mit 85 Mio. im Jahr 2018 einen vorläufigen Höhepunkt erreicht. Hinzu kommt die verschärfte EU-Abgasgesetzgebung mit den bis 2030 verabschiedeten $CO_2$-Grenzwerten mit Konsequenzen für die deutschen Autohersteller und ihre Beschäftigten. Gegenüber dem Ist-Stand heute mit $118\,g\,CO_2$/km dürfen neu zugelassene Fahrzeuge ab 2021 nur noch $95\,g\,CO_2$/km und ab 2030 nur noch $59\,g\,CO_2$/km aufweisen. Neben den im Juni 2019 beschlossenen $CO_2$-Werten der EU-Kommission, stellt Abb. 4.1 die von der ICCT[1] veröffentlichten Grenzwerte weiterer Länder dar [24].

Trotz der ehrgeizig gesetzten Klimaschutz- und Effizienzziele der Bundesregierung wird die individuelle Mobilität für alle Bevölkerungsschichten notwendig sein und als Ausdruck persönlicher Freiheit unverändert bleiben. Klimaschutz wird unweigerlich mit erhöhten Kosten für die Bevölkerung einhergehen, daher ist es wichtig, Vor- und Nachteile aller Antriebsformen und Energieträger sorgfältig zu untersuchen und gegeneinander abzuwägen. Derzeit stellen eine Vielzahl renommierter Studien mögliche Szenarien der Mobilität von morgen zur Verfügung, die als wichtige Leitlinien dienen, um Entscheidungen darüber zu treffen, welche $CO_2$-Vorgaben realistisch erreicht werden können. Welche Antriebskonzepte können wesentlich dazu beitragen und wie wirken sich politische Maßnahmen auf die Neuwagenflotte für die Fahrzeugkunden aus?

---

[1] International Council on Clean Transportation.

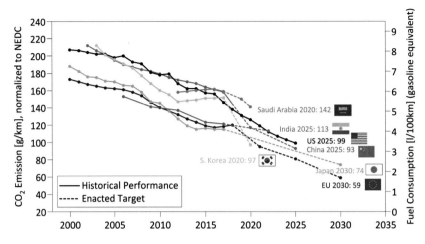

**Abb. 4.1** Emissionsgrenzen nach der Euro-Abgasnorm [25]

Alle bisherigen Ergebnisse zeigen, dass selbst ausgehend von 95 g $CO_2$/km als EU Grenzwert im Jahr 2020 eine Halbierung der $CO_2$-Emissionen im Pkw-Bestand auf 45 g $CO_2$/km ohne den Wechsel auf andere Verkehrsträger möglich ist. Hochwertige Kraftstoffe (einschließlich synthetischer Kraftstoffe und Biokraftstoffe) in Kombination mit innovativen Verbrennungsmotoren ermöglichen Effizienzverbesserungen in der Flotte, sowohl mit konventionellen Antrieben, als auch mit der Breite an Hybridvariationen. Der steigende Anteil der elektrisch zurückgelegten Fahrstrecke, die langfristig signifikanten Marktanteile alternativer Antriebe sowie die Brennstoffzelle sollen helfen, die angesetzten Ziele zu erreichen. Eine Grundvoraussetzung für einen erhöhten elektrischen Anteil am Markt ist die Bereitstellung $CO_2$-armen Stroms, also einem Strommix mit einem höheren Anteil an regenerativ erzeugtem Strom.

Die im Folgenden ausgewählten und renommierten Studien sollen als Wegweiser zu erkennen geben, wohin die Automobillandschaft zukünftig hinsteuert: 1) „Der Pkw-Markt bis 2040" vom Deutschen Zentrum für Luft- und Raumfahrt (DLR), 2013, eine Studie aus Sicht eines Mineralölkonzerns 2) „PKW-Szenarien bis 2040" von Shell aus dem Jahre 2014 und 3) „Klimaschutzbeitrag des Verkehrs bis 2050" vom Umweltbundesamt (UBA), 2016.

**Neuzulassungen**

Für Neuzulassungen schlägt das DLR mit dem Zielwert von 70 g $CO_2$/km bis 2040 ein moderates „Trend"-Szenario vor, in dem konventionelle Antriebe langfristig höhere Marktanteile halten. Die Annahmen, die hierunter getroffen werden, sind stabile Umweltbedingungen, moderate Veränderung der Verbraucherpräferenzen, ein stetiger Technologiefortschritt, ein moderat veränderlicher Kraftstoffmix und ein weiterhin abnehmender Emissionszielpfad. Als ein wichtiges Kriterium für dieses Szenario bleibt die Bezahlbarkeit zum Zugang zur Automobilität weiterhin bestehen.

Demgegenüber steht ein ambitioniertes „Alternativ-Szenario" derselben Studie, das ausgehend vom $CO_2$-Ziel der aktuell geltenden EU-Verordnung von 95 g $CO_2$/km im Jahr 2020, eine Fortschreibung auf 70 g $CO_2$/km im Jahr 2030 und auf 45 g $CO_2$/km im Jahr 2040 ansteuert. Dieses Szenario setzt einen massiven Wandel der Umweltbedingungen voraus, gesellschaftliche und politische Umbrüche der Vergangenheitstrends, eine merkliche Veränderung der Verbraucherpräferenzen, einen rasanten Wandel der technologischen Entwicklung, eine deutliche Verschiebung im Kraftstoffmix sowie eine drastische Reduktion im Emissionszielpfad. Kosten und Bezahlbarkeit für den Verbraucher sind hier den Klimazielen klar untergeordnet.

Anlehnend an die DLR-Studie schlägt Shell ebenfalls ein moderates „Trend"-Szenario vor mit dem $CO_2$-Zielwert von 70 g $CO_2$/km bis 2040 und einem ambitionierten „Alternativ"-Szenario von 50 g $CO_2$/km im Jahr 2040, das sich für eine direkte Gegenüberstellung sehr gut eignet.

Mit dem „Klimaschutzbeitrag des Verkehrs bis 2050" vom Umweltbundesamt wird eine dritte Studie zum Vergleich herangezogen. Diese argumentiert über die Verpflichtung der Bundesregierung, Treibhausgase (THG) über alle Sektoren bis zum Jahre 2050 um 80 % bis 95 % zu senken. Projiziert man diese Vorgabe auf den Verkehrssektor, so bedeutet dies, dass hier eine Reduktion an THG zwischen 60 und 98 % erzielt werden muss – der Verkehr im Jahr 2050 muss hiernach nahezu treibhausgasneutral sein. Lediglich bei höheren sektorübergreifenden Zielen ergibt sich mehr Spielraum für den Verkehr [26–28] (Abb. 4.2).

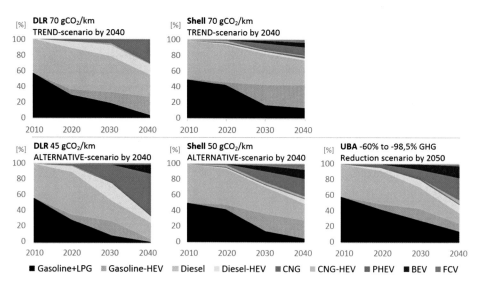

**Abb. 4.2** Entwicklung der PKW-Neuzulassungen nach Antrieben in Deutschland bis 2040[2] [26–28]

---

[2] LPG = liquified petroleum gas, HEV = hybrid electric vehicle, CNG = compressed natural gas, PHEV = plug-in-hybrid electric vehicle, BEV = battery electric vehicle, FCV = fuel cell vehicle, GHG = green house gas.

In beiden Alternativ-Szenarien von DLR und Shell sowie dem UBA-Szenario bringen Hybridkonzepte (HEVs) erste und wesentliche Veränderungen mit sich, die eine Kombination von elektrischem und konventionellem Antrieb darstellen. Aufgrund der verhältnismäßig leichten Umrüstbarkeit konventioneller Antriebe auf 48V milde Hybride werden diese Konzepte kurzfristig bis etwa 2025 eine gute Option für eine Übergangslösung darstellen. Die Möglichkeiten über sogenannte $P_0 - P_4$ Topologien erlauben einen hohen Grad an Flexibilität je nach Basiskonzept des Antriebs [29].

Im Jahre 2030 reichen Hybridfahrzeuge (Mildhybride und Vollhybride) allein nicht mehr aus, um in der Flotte den $CO_2$-Durchschnitt weiterhin stark genug herab zu senken. Somit muss der Anteil der mit Strom zurückgelegten Fahrstrecke ansteigen, was realisierbar wird durch Plug-in-Hybride (PHEVs) und Range-Extender-Electric-Vehicle (REEVs).

Bis zum Jahre 2040 wird der Prozess der Elektrifizierung weiterhin ausgebaut werden. Der PHEV-Anteil und der REEV-Anteil wird gegenüber den Vollhybridkonzepten deutlich stärker wachsen. Reine batteriebetriebene Fahrzeuge (BEVs) nehmen weiterhin zu. Die wasserstoffbetriebene Brennstoffzelle (FCV) spielt zu diesem Zeitpunkt weiterhin eine untergeordnete Rolle am Markt.

Eine zu klärende Frage, die stets im Raum steht, wenn es um die Zukunft von Antriebskonzepten geht, ist, welche Rolle der Verbrennungsmotor einnehmen wird. Aus den drei dargestellten ambitionierten Szenarien für die Neuwagenflotte werden in Abb. 4.3 Verbrennungsmotorrelevante und -nichtrelevante Konzepte voneinander unterschieden. Die DLR-Studie besagt, dass im Jahr 2040 weiterhin 86, 5 % aller Antriebe einen Verbrennungsmotor besitzen werden. Die Shell-Studie prognostiziert diesen Anteil auf 80, 5 % und die UBA-Studie auf 81, 8 %. Was aus allen drei Studien hervorgeht, ist, dass selbst bei einem drastischen Technologiewandel infolge der zu erreichenden Klimaziele der Verbrennungsmotor 2040 weiterhin als das überdominante Antriebskonzept erhalten bleibt.

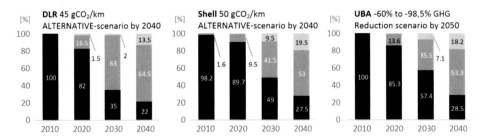

**Abb. 4.3** Entwicklung des Verbrennungsmotors anteilig an allen PKW-Neuzulassungen [26–28]

**Fahrzeugbestand**

Die in Deutschland jährlich hinzukommenden Neufahrzeuge machen in etwa 7 % des gesamten Fahrzeugbestands aus. Laut dem Kraftfahrt-Bundesamt lag das durchschnittliche Alter aller zugelassenen Pkw zum 01. Januar 2019 bei 9.5 Jahren. Die Entwicklung des Fahrzeugbestands läuft somit gegenüber den Neuzulassungen um diese Spanne zeitverzögert hinterher.

Der PKW-Bestand wird insgesamt aus demografischen und sozioökonomischen Entwicklungen abgeleitet und über alters- und geschlechterspezifische Motorisierungskonzepte sowie altersspezifische Fahrleistungen bestimmt. Wichtige Einflussfaktoren für Auto-Mobilität und Antriebe im Pkw-Bestand und Kraftstoffe für die Pkw-Nutzung von morgen sind zudem soziodemografische Faktoren oder auch räumliche Siedlungsstrukturen, die sich auf die Mobilitätsnachfrage und damit auf Motorisierung und Fahrleistungen auswirken. Zudem können Einkommens- und Substitutionseffekte unterschiedlicher Antriebe und Kraftstoffe Auswirkungen auf die Automobillandschaft haben [27].

Nach den vorgestellten Studien veranschaulicht die folgende Grafik die Ergebnisse des Fahrzeugbestands bis 2040. Hieraus geht hervor, dass im Jahre 2040 der DLR-Studie nach 94,5 % an Verbrennungsmotoren auf deutschen Straßen vertreten sein werden. Shell und UBA prognostizieren beide den Wert 89,5 % (Abb. 4.4).

**Wie bereiten wir uns auf diese Szenarien vor?**

Infolge der angestrebten und vielseitigen Antriebskonzepte werden die Entwicklungskosten der Automobilhersteller in den kommenden Jahren drastisch steigen. Verbrennungsmotoren haben bereits ein nahezu maximales Potenzial hinsichtlich ihres Wirkungsgrads und somit eines minimalen $CO_2$-Ausstoßes erreicht. Weitere Optimierungsversuche bringen inzwischen lediglich marginale Verbesserungen bei gleichbleibendem oder gar höherem Investitionsvolumen – dies heißt aber keinesfalls, dass er so leicht ersetzbar ist. Eines ist allerdings sicher: Große Investitionstrends für die Entwicklung von Verbrennungsmotoren werden wie in den letzten Jahrzehnten keinen Bestand mehr haben. Eine Investitionsgrundlage infolge vielseitigerer Antriebskonzepte ist zukünftig nur gewinnbringend, sofern deutlich schlankere Entwicklungsprozesse und effizientere Methoden die derzeitigen ablösen.

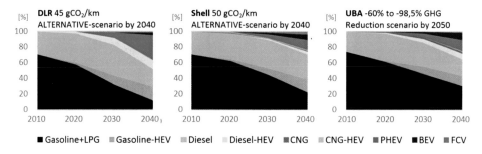

**Abb. 4.4** Entwicklung des PKW-Flottenbestandes nach Antrieben in Deutschland bis 2040 [26–28]

Hierfür stehen zum richtigen Zeitpunkt die richtigen Werkzeuge zur Verfügung: die künstliche Intelligenz (KI). KI ist ein Wissens- und Forschungsgebiet, mit dem sich die letzten Jahrzehnte primär Computerwissenschaftler auseinandergesetzt haben. Ihre bisher vielseitigen Anwendungsgebiete haben sich dementsprechend in der Welt der IT-Branche verankert und die Digitalisierungswende seit den 1970ern maßgeblich vorangetrieben. Inzwischen sind die Themenfelder der KI vielseitig, zuverlässig und hocheffizient. Diese Technologie ist auf industrielle Anwendungen übertragbar. Wie die Übertragbarkeit stattfinden kann, wird in den folgenden Kapiteln anhand von Arbeitsprozessen, Konzepten, Methoden und Anwendungsbeispielen vorgestellt.

## 4.2 Historie der Simulation

Simulation hat als Entwicklungswerkzeug seit den 1970er Jahren den Fortschritt der Technologie maßgeblich beeinflusst. Sie war unabhängig von ihrem Einsatzgebiet in der Lage, neue Optimierungspotenziale zu identifizieren, kostengünstig und zeiteffizient vielfältige Systemvarianten gegenüberzustellen und zu bewerten und schließlich einheitliche Entwicklungsprozesse neuartig zu definieren.

Noch vor wenigen Jahrzehnten funktionierte Antriebsentwicklung rein auf test- und prototypbasierten Ansätzen. Diese Form von Entwicklung war rein hardwareorientiert und verursachte über lange Strecken hohe Kosten. Jede einzelne und neue Entwicklungsbaustufe, die zusammengesetzte Systeme vereinte (wie am Beispiel des Antriebsstrangs, der sich zusammensetzt aus zahlreichen Subsystemen), konnte erst dann gesamtheitlich bewertet werden, als ein fertiger Prototyp entworfen war. Auf der Grundlage dieser Arbeitsweise konnten weitere Entwicklungsschritte oder Verbesserungsmaßnahmen nur auf intensiven Beobachtungen, kombiniert mit einem hohen Erfahrungswert unter Hinzunahme theoretischer Grundlagen, erzielt werden.

Heutzutage hingegen funktioniert die Herstellung industrieller Produkte, allen voran die der Antriebe, nahezu rein virtuell und modellbasiert. Antriebe können, angefangen vom ersten Konzeptpapier bis zur Fertigstellung eines Prototyps, durchweg virtuell entwickelt werden, sodass sich Entwicklungskosten inzwischen nahezu vollständig von einem hardwareseitigen auf einen softwareseitigen Prozess verlagert haben. Vor knapp 50 Jahren wäre es nicht vorstellbar gewesen, den Fortschritt und damit heutige Entwicklungsstrukturen auch nur ansatzweise vorherzusehen. Ebenso fällt es uns nicht leicht, die Arbeitsweise in 50 Jahren einzuschätzen. Eines steht allerdings außer Frage: Was dabei hilft, die Zukunft zu erahnen, ist, die Vergangenheit und die Gegenwart zu verstehen. Nach diesem Leitsatz wird es interessant, sich mit dem historischen Aspekt der Simulation auseinanderzusetzen, und zwar nicht nur, wie sie sich in der Automobilbranche, sondern auch weltweit entwickelt hat.

In Abb. 4.5 ist das Ergebnis einer Studie dargestellt, in der alle Softwareprodukte der Simulation (Tools), die auf dem Markt seit den 1970ern entwickelt wurden, zahlenmäßig aufgeführt sind. Der Fokus der Betrachtung liegt auf den Produktebenen, die ebenso relevant

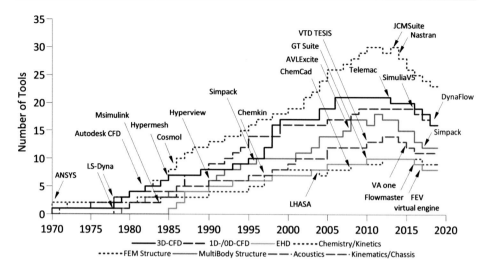

**Abb. 4.5** Historie der konventionellen Simulationstools für allgemeine Anwendungen

sind für die Antriebsentwicklung des Automobils, hier unterteilt in 3D-CFD, 1D-CFD/0D-CFD, Elastohydrodynamik (EHD), Chemie/Kinetik, FEM, Mehrkörpersimulation (MKS), Akustik und Kinematik/Chassis. Es fließen ausschließlich konventionell erhältliche Produkte in die Darstellung ein. Der Markteinstieg eines Software-Produkts wird mit dem Wert +1 bewertet und ein Marktausstieg mit −1. Aus der Darstellung geht hervor, wie sich der Trend der jeweiligen Produktebene seit Beginn der Konventionalisierung von den frühen 1970ern bis heute entwickelt hat.

Bis Ende der 1970er Jahre gab es wenige konventionell erhältliche Produkte. In den frühen 1980ern hatten Software-Hersteller die Potenziale der simulationsbasierten Entwicklung verstanden und eine fortschreitend ansteigende Nachfrage des Marktes richtig eingeschätzt, was zu einem steilen Angebotsanstieg führte. Interessant zu beobachten ist, dass trotz einzelner Verzögerungen alle Produktebenen homogen anstiegen, was darauf hindeutet, dass frühzeitig eine einheitliche Implementierung aller Produkte in die komplette Wertneuschöpfungskette kundenseitig erkannt und angestrebt wurde.

In den 1990ern und 2000ern nahm der Anstieg weiterhin rasant zu. Während Softwaretools für Chemie/Kinetik oder EHD recht früh aus der Tatsache eine Sättigung erfuhren, dass die grundlegende Komplexität mit sehr hoher Vorhersagekraft erreicht werden konnte, öffneten sich für CFD (3D/1D/0D), FEM und MKS Türen für tiefere Entwicklungspotenziale, sodass Produktentwickler weiterhin engagiert waren, der anhaltenden Nachfrage nach Tools mit höherer Präzision und komplexeren Anforderungen nachzukommen.

Um das Jahr 2010 herum kam es schließlich zu einer absoluten Sättigung aller aufgeführten Produktebenen der Simulation, und im Zeitraum zwischen 2010 und 2015 ließ sich interessanterweise ein deutlicher Rückwärtstrend in allen Produktebenen erkennen. Abb. 4.6 gestattet einen näheren Einblick in die Simulationstools, die ausschließlich für

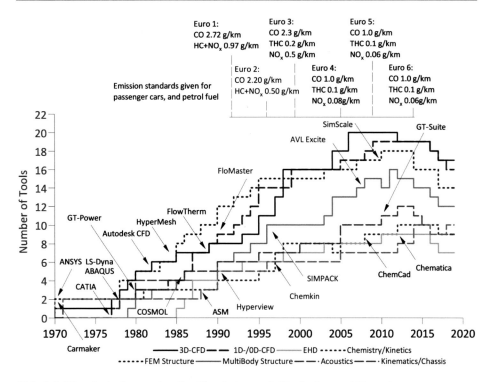

**Abb. 4.6** Historie der konventionellen Simulationstools für die Automobilbranche

den Automobilmarkt vorgesehen sind oder zumindest ihr Kerngeschäft dort anvisieren. Der gesamtheitliche Trend ist hier nahezu identisch. Unterschiede lassen sich beim näheren Hinsehen darin erkennen, dass die Niveaus zwischen FEM und CFD (0D/1D/3D) näher zusammengewachsen sind, was ebenfalls auf die gegenseitige Interaktionsfähigkeit deuten lässt.

Seit dem Jahre 2013 ist der Trend in allen Ebenen rückläufig. Hierfür gibt es unterschiedliche Gründe, die zusammenwirken.

## 1. Zentralisierung von Entwicklungseinheiten und Standardisierung von Softwaretools

Die modellbasierten Entwicklungskosten sind im letzten Jahrzehnt signifikant gestiegen. Einerseits erlang Simulationssoftware generell durch stetige Weiterentwicklung an Komplexität, was zu einer Erhöhung der Lizenzkosten führt. Andererseits neigen Automobilhersteller dazu, die hohe Vielfalt von Softwareprodukten zu nutzen, was daher rührt, dass unterschiedliche Abteilungen innerhalb eines Unternehmens oftmals aus historischen Gründen unterschiedliche Softwareprodukte verwenden, die prinzipiell die gleiche Produktebene abdecken. Aus diesem Grund konnte man speziell in den letzten Jahren beobachten, dass nach und nach Unternehmen ihre Vorentwicklungseinheiten zentralisiert und ihre Software standardisiert haben, um unter anderem auf dieser Ebene Kosten einzusparen. Dennoch wird die hohe Leistungsstärke von Tools durch Sekundärkosten belastet, da diese zentralisierte Rechenarchitekturen und Clustersysteme erfordern. Nicht zuletzt sind die hohen Personalkosten für Experten zu erwähnen, die gezielte Kompetenzen für die Anwendung dieser Softwareprodukte mitbringen oder erlernen müssen.

**2. Veränderung des Marktes**

Ein weiterer Grund dafür, warum klassische Simulationssoftware für Entwickler unattraktiver wird, ist, dass zukünftig mit einem rückläufigen Absatzmarkt zu rechnen ist. Die Potenziale des Verbrennungsmotors hinsichtlich eines besseren Wirkungsgrads sind inzwischen in weiten Teilen gesättigt. Der Übergang zur Elektromobilität und Brennstoffzelle fordern nicht die derzeitige Vielfalt an Tools ein. Als Beispiel sei hier genannt, dass Strukturberechnungssoftware (FEM/MKS) für ein rein elektrisches oder brennstoffzellenbetriebenes Antriebskonzept an Relevanz verliert, da Materialbelastungen eine durchaus geringere Rolle spielen.

**3. Eine hohe Wettbewerbssituation**

Zusätzlich ist in den letzten drei Jahrzehnten die Konkurrenz auf dem Markt, was Softwareprodukte für Simulation angeht, massiv gestiegen. Einige Produkte haben sich in ihrem Segment stark etabliert, andere weniger. Hierdurch entstand ein starkes wirtschaftliches Gefälle, sodass es von marktdominierenden Herstellern immer wieder zu Übernahmen kleinerer und schwächerer Produkte kam. Heutzutage ist es für kleine Hersteller fast unmöglich, neue Produkte auf den Markt zu bringen, da sie unter einem enormen Wettbewerbsdruck stehen und einst etablierte Prozessketten in den Entwicklungseinheiten der Automobilhersteller kaum oder nur mit hohem Aufwand durch Werbung und Marketingmaßnahmen zu durchbrechen sind. Diese Fakten tragen zusätzlich dazu bei, dass die absolute Anzahl an Produkten abnimmt.

Abb. 4.7 fasst der Übersicht halber die kumulierten Zahlen an Softwareprodukten für allgemeine Anwendungen und speziell für den Automobilbereich zusammen. Betrachtet man

**Abb. 4.7** Entwicklungstrend aller Simulationssoftwareprodukte

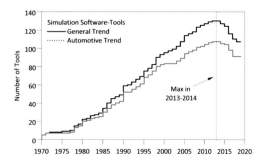

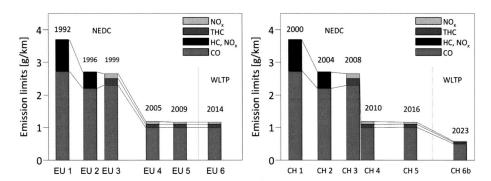

**Abb. 4.8** Entwicklung der Emissionsgrenzwerte seit Einführung der Abgasnorm für die EU (links) und China (rechts) [30]

die Emissionsgrenzwerte nach der EU-Gesetzgebung, so wurde seit Einführung der Euro-1-Norm im Jahr 1992 bis zur Einführung der Euro-6-Norm 2014 der erlaubte CO-Anteil von 2,72 g/km auf 1 g/km sowie der HC − $NO_x$-Anteil von 0,97 g/km auf 0,1 g/km HC und 0,06 g/km $NO_x$ reduziert. Bis einschließlich der Euro-5-Norm basierte die Fahrzeugzulassung auf dem NEDC-Fahrzyklus. Seit der Euro-6-Norm wird der neue WLTP[3] als Grundlage herangezogen, siehe Abb. 4.8 (links). China mit der weltweit höchsten Bevölkerungsdichte orientiert sich mit ihrer Emissionsvorschrift an den Maßnahmen der EU. Zeitversetzt um 8 Jahre wurde im Jahr 2000 die erste China-1-Norm verkündet. Seitdem hat das Land den Rückstand auf Europa stark aufgeholt und geht nun mit der frühzeitigen Definition für die China-6b-Norm, die vergleichbar ist mit der Euro-7-Norm, in Vorsprung. Im Vergleich zur derzeitig geltenden China-5-Norm werden der CO-Anteil von 1 g/km und der THC-Anteil von 0,1 g/km jeweils um weitere 50 % sowie die Stickoxide um weitere 42 % reduziert.

Leitet man zur Veranschaulichung eine Darstellung her, um den Markttrend der Simulationstools mit den Emissionsgrenzwerten (hier für CO und $NO_x$) ins Verhältnis zu setzen, so erhält man eine spezifische Darstellung nach Abb. 4.9. Die Einheit [CO/number of

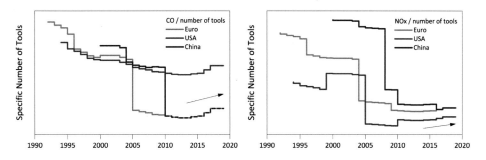

**Abb. 4.9** Spezifische $CO_2$- (links) und $NO_x$-Entwicklung (links) seit Einführung von Abgasnormen

---

[3] Worldwide Harmonized Light Vehicles Test Procedure.

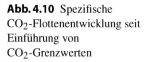

**Abb. 4.10** Spezifische $CO_2$-Flottenentwicklung seit Einführung von $CO_2$-Grenzwerten

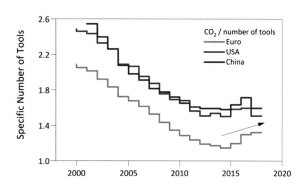

Tools] (links) sowie [$NO_x$/number of Tools] (rechts) gibt einen Hinweis darauf, inwieweit uns Simulationstools seit der Einführung von Emissionsgrenzwerten dazu verholfen haben, Emissionen mithilfe von computergestützten und modellbasierten Methoden im Rahmen der Antriebsentwicklung zu senken. In beiden Grafiken ist zu erkennen, wie seit Anfang der 1990ger der spezifische Wert über Jahrzehnte hinweg einen Abwärtstrend zeigte. Für alle drei Vorschriften (Euro, US Ulev[4], China) wird etwa im Jahre 2013 ein absolutes Minimum erreicht. Seitdem steigen die spezifischen Emissionswerte wieder an.

Um den gleichen spezifischen Trend für die $CO_2$-Entwicklung darzustellen, wird in Abb. 4.10 die Anzahl der Simulationstools mit den $CO_2$-Grenzwerten am Beispiel für die EU, China und die USA ins Verhältnis gesetzt. Auch hier wird ersichtlich, dass der spezifische $CO_2$-Wert zwischen 2014 und 2015 sein Minimum erreichte und seitdem wieder ansteigt.

## 4.3    Entwicklungsprozesse und Szenarien der Simulation mit Big-Data

Infolge der rasanten Entwicklung von Speichermedien, beginnend bei der einfachen Floppy-Diskette Mitte der 1970er Jahre mit einer Speicherkapazität von etwa 80 Kilobyte bis zur Markteinbringung serientauglicher und bespielbarer Compact Discs mit mehreren hundert Megabytes hatte man in der frühen Phase der Digitalisierung verstanden, dass die technologischen Möglichkeiten der Speicherung und die Verfügbarkeit komplexer Datenmengen neue Wege ermöglichen sollen und ein unvorstellbares Potenzial bergen. Erstmals popularisiert wurde in diesem Zusammenhang der Begriff „Big-Data" im Jahre 1990 von einem US-amerikanischen Computerwissenschaftler namens John Mashey.

Heutzutage steht Big-Data nicht mehr allein für technologischen Fortschritt in der Handhabung großer Datenmengen, sondern für einen Durchbruch neuer Entwicklungsmethoden in modernen Unternehmen. Dabei spielt es keine Rolle, in welchem Segment ein Unternehmen positioniert ist – die Methoden sind allgemeingültig und in jeder Form einsetzbar.

---

[4] Ultra low emission vehicle.

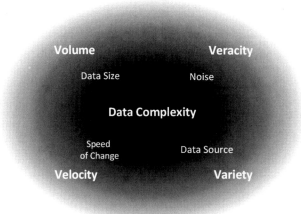

**Abb. 4.11**  Merkmale von Daten (Big-Data) [31]

Allerdings kann der Umgang mit Daten in einer Vorbereitungsphase (Pre-Processing) sehr unterschiedlich und für einen erfolgreichen Einsatz sehr entscheidend sein.

Aus der Möglichkeit, große und undefinierbare Datenmengen zu generieren und speicherbar zu gestalten, entsteht die eigentliche Herausforderung, und zwar das systematische Handling dieser Daten. Big-Data ist ein weitreichender Begriff und lässt sich für jede erdenkliche Datenmenge prinzipiell durch vier Eigenschaften charakterisieren:

- Datenvolumen (Volume) beschreibt die Größe einer Datenmenge (Data Size)
- Geschwindigkeit (Velocity) beschreibt die Geschwindigkeit, mit der sich Datenmerkmale oder die Datenmenge selbst verändern (Speed of Change)
- Veränderlichkeit (Variety) beschreibt die Expandierbarkeit einer Datenmenge und die Veränderlichkeit einer Datenquelle (Data Source)
- Richtigkeit/Vollständigkeit (Veracity) beschreibt ein mittleres Maß an Unschärfe, die reale Messdaten mit sich bringen (Noise) (Abb. 4.11).

**Wie können Daten generiert werden?**
Bis etwa Ende der 1960er Jahre, als noch keine Simulationstools in den Prozessen der Antriebsentwicklung verankert waren, wurden Entscheidungen innerhalb der Entwicklung und Fertigung rein testbasiert getroffen. Jeder Entwicklungsschritt stand unter genauer Beobachtung, und ohne moderne Tools, wie sie heutzutage eingesetzt werden, konnten Richtungen und Fortschritte nur durch eine solide Erfahrungsbasis und die stetige Ausarbeitung theoretischer Grundlagen erzielt werden. Die Konstruktionseinheit, die Fertigung und der Prüfstandbetrieb standen noch in engerer Interaktion als heute. Dies war notwendig, da

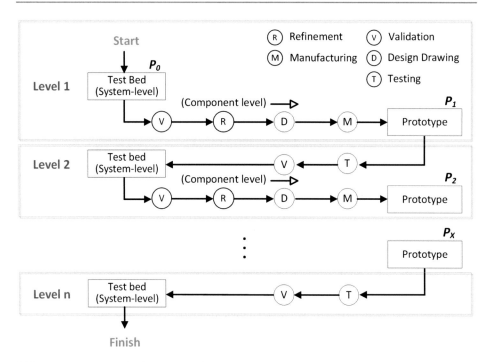

**Abb. 4.12** Prototyporientierter/testbasierter Entwicklungsprozess von Antrieben bis in die 1970er Jahre

die rein testbasierte Entwicklung von Systemen und Subsystemen für jeden Entwicklungsschritt die Herstellung neuer Prototypen erforderte. Erst eine Validierung eines hergestellten Systems konnte eine Aussage darüber liefern, ob und welchen qualitativen Gewinn dieser Entwicklungsschritt erbrachte.

Abb. 4.12 zeigt eine typische und allgemeingültige Prozesskette für die Entwicklungsreihe eines Antriebs in vereinfachter Form, so wie sie vor dem Zeitalter der Simulation aussah. Am Anfang einer neuen Entwicklungsstufe steht ein Referenzmotor mit der Prototypenbezeichnung $P_0$. Auf Basis definierter Zielvorgaben (Lastenheft) werden Subsysteme (Component Level) optimiert (R), konstruktiv angepasst (D) und angefertigt (M). Dies kann sich beziehen auf Zylinder- und Kolbengeometrien, Krümmerein- und Auslassgeometrien, Werkstoffe für eine höhere Belastbarkeit, ein besseres Thermomanagement oder für Gewichtsreduktionen mechanischer Bauteilen, auf Zündvorrichtungen, den Kurbeltrieb, Ventiltrieb oder jegliche andere Formen von Systemen. In einem nächsten Schritt wird ein modifiziertes System mit der Prototypenbezeichnung $P_1$ angefertigt. In einer sich schließenden Schleife wird nun der neue Prototyp getestet (T) – eine qualitative Bewertung kann nach einer neuen Validierungsschleife (V) vorgenommen werden. Diese Prozessschleife wird viele Male wiederholt, bis die Zielvorgabe des Lastenheftes durch die Prototypenvariante $P_X$ erreicht wird und alle Subsysteme zu einem Gesamtsystem (System-Level) zusammengeführt werden.

Inzwischen wird der Antrieb in den Entwicklungseinheiten aller Automobilhersteller nahezu ausschließlich modellbasiert vorgenommen. Die theoretischen Grundlagen einiger Themenfelder wurden in Kap. 3 vorgestellt.

Seit Beginn der Kommerzialisierung von Simulationstools und deren Einsatz in entsprechenden Entwicklungsphasen von Antrieben wie beispielsweise der Konzeptauslegung, Werkstoffauswahl, Konstruktion, Vorapplikation und Applikation (siehe dazu Abb. 3.1) haben sich Entwicklungsprozesse drastisch verändert. In erster Linie hatte die Simulation gravierende Potenziale erbracht, die auf rein testbasierter Entwicklung mit vergleichbarer Geschwindigkeit nicht hätten lokalisiert und umgesetzt werden können. Zudem entstanden durch die Vermeidung permanenter Anfertigungen von Prototypen bedeutende Kosteneinsparungen hinsichtlich der Hardware.

Eine neue Prozesskette erlaubt in einer rein modellbasierten Vorgehensweise, Gesamtsysteme (System Level) entlang fortlaufender Entwicklungsphasen (Level) virtuell zu entwickeln. Die Entwicklung umfasst auf der Komponentenebene (Component Level) den Prozess von der virtuellen Kalibration (C) über die Optimierung (O) und computergestützte Konstruktion (D) von Modellebenen ($M_1, M_2, \ldots, M_n$) bis hin zur anschließenden Datengenerierung (DG) für die Applikation elektronischer Steuergeräte. Erst nach einem vollständigen Abschluss des Gesamtprozesses wird ein erster Prototyp $P_1$ hergestellt, der auf Anhieb einen Großteil aller Zielvorgaben erfüllt. Die Fertigung beschränkt sich somit lediglich auf den letzten Schritt dieser Prozesskette (siehe Abb. 4.13).

**Simulation ist so stark wie nie**

Weltweit haben sich in den letzten Jahrzehnten universitäre Forschungseinrichtungen, Forschungs- und Entwicklungseinheiten von Automobilherstellern sowie Zulieferer und Dienstleister intensiv mit dem Thema Simulation beschäftigt. Hieraus entstand eine Vielzahl an Veröffentlichungen, die den Erfolg der virtuellen Entwicklung sukzessiv fortgeführt haben. Was sich erstaunlich gut mit Simulationsansätzen gestalten lässt, sind Methoden und Methodologien zur Gestaltung fortschrittlicher Prozesse. Mit Methoden sind hierbei einzelne Lösungskonzepte gemeint, mit Methodologien die Zusammensetzung und Prozessfolge vieler einzelner Methoden in einem abgeschlossenen Entwicklungsrahmen.

Methodologien sind inzwischen in der virtuellen Antriebsentwicklung zu übergreifenden Teildisziplinen geworden, die Strukturen und Strategien in Entwicklungseinheiten zusammenhalten und somit für jede Unternehmenskultur oder auch Mikrokulturen innerhalb von Unternehmen (Abteilungen) das Alleinstellungsmerkmal verkörpern. Hiermit steht außer Frage, dass derzeit alle Automobilhersteller die gleichen oder ähnlichen Simulationstools verwenden – was sie voneinander unterscheidet, ist eben die eigens gelebte Entwicklungs-DNA, die von ihren Methoden und Methodologien bestimmt wird.

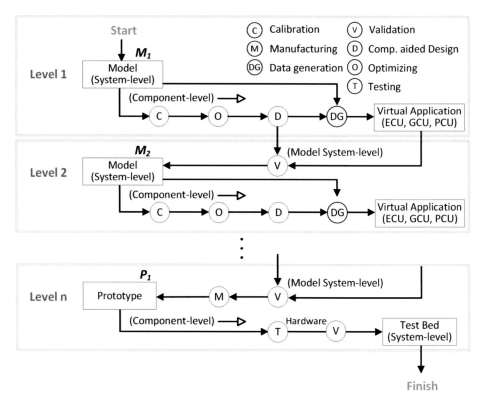

**Abb. 4.13** Simulationsorientierter Entwicklungsprozess von Antrieben heute[5]

In Abb. 4.14 (links) ist schematisch dargestellt, wie sich die Qualität und die Verlässlichkeit heutiger Simulationstools entwickelt hat. Infolge stetiger Weitereinwicklungen von Modellansätzen sind Simulationstools in ihrer Vorhersagefähigkeit äußerst belastbar und bewegen sich, zumindest was qualitative Trendaussagen angeht, nahe an der Realität.

In der Vergangenheit waren Tools infolge prozessgelöster Einsätze eigenständig. Hierdurch war es maßgeblich relevant, realistische Randbedingungen zu schaffen, um qualitativ hochwertige Vorhersagen zu treffen. In der rechten Grafik wird schematisch illustriert, wie sich Simulation in der Antriebsentwicklung seit den 1970ern bis heute aus der Konsequenz heraus von einem prozessgelösten zu einem prozessgebundenen Zustand entwickelt hat. Demnach rückläufig hat sich der Trend der testbasierten Methodik entwickelt, die heute im Rahmen der Validierung nun mehr am Ende der Simulationsprozesskette eine übergeordnete Rolle spielt.

Wie zu Beginn dieses Kapitels erläutert, stellt Big-Data die Grundlage für die Entwicklung von Modellen dar, denen sich Konzepte der künstlichen Intelligenz bedienen. Ohne das

---

[5] ECU = Electronic control unit, GCU = Gearbox control unit, PCU = Power electronic control unit.

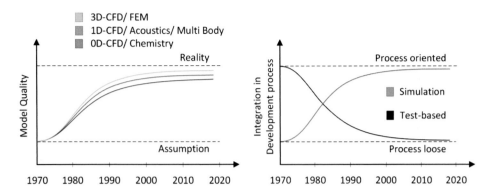

**Abb. 4.14** Belastbarkeit von Simulation (links), historische Veränderung von Entwicklungsprozessen (rechts)

Vorhandensein großer und vor allem diverser Datensätze können die hocheffektiven Algorithmen der KI nicht eingesetzt werden. Um sich KI in der Antriebsentwicklung zunutze zu machen, läge einerseits der Gedanke nahe, Datenmengen an realen Prüfständen zu generieren. Dieser Prozess wäre allerdings äußerst kostenintensiv und nicht zielführend, da reale Systeme nur Daten generieren, die innerhalb der Grenzen systemischer Plausibilität liegen. Ein darauf basierender Algorithmus würde in seiner Freiheit stark eingegrenzt werden und Lösungen generieren, die aus Sicht der Komplexität bereits bekannte Lösungen nicht übertreffen können. Was nämlich unsere Erwartungshaltung angeht, die an die KI gestellt wird, sind nicht nur neuartige Ergebnisse, sondern vor allem neuartige Lösungswege vorzuschlagen, die die Grenzen systemischer und menschlicher Plausibilitäten gezielt überschreiten, um unerwartete und grenzenlose Lösungen zu kreieren.

Versucht man nun auf der Grundlage dessen, was uns zur Verfügung steht, einen ressourcenorientierten Gedanken zu implementieren, würde man Simulationstools und -modelle verwenden, um auf rein virtueller Basis in kurzer Zeit massive Datenmengen zu generieren. Eine mögliche Basis zur Datengenerierung wird uns durch die Gestaltung von Versuchsräumen (Design of Experiment DoE) ermöglicht. Abb. 4.15 stellt beide Lösungsansätze, und zwar die messdatenbezogene und simulationsbezogene Datengenerierung gegenüber. Prinzipiell ist es möglich, jede Simulationssoftware als Datengenerator heranzuziehen.

**Vorteile KI-basierter Antriebsentwicklung**

Vorteile, die KI-basierte Konzepte für die Antriebsentwicklung erbringen können, liegen klar auf der Hand. Während Berechnungsgrundlagen in klassischen Computern seriell geordnet sind, was zu einer geringeren Datenverarbeitungsgeschwindigkeit führt, werden KI Prozesse parallel verarbeitet und erlangen hierdurch einen exponentiellen Geschwindigkeitsvorteil. Vor allem die assoziative Arbeitsweise erlaubt bei der Lösung von Problemstellungen kreative und themenübergreifend komplexe Ansätze zu finden, was bei einem Computer prinzipbedingt durch seinen adressbasierten Lösungsansatz nur eindimensional möglich ist.

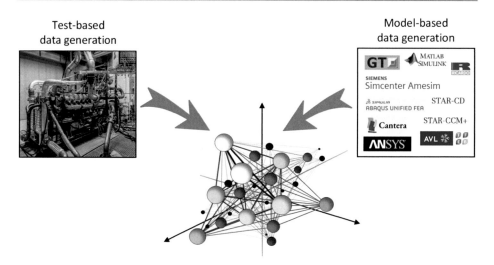

**Abb. 4.15** Generierung von Big-Data durch Realdaten (links) oder durch Simulationssoftware (rechts)

Hierdurch ergeben sich viele Problemgattungen, die nicht oder nur unter einem hohen Aufwand in eine algorithmische Form überführbar wären, sodass sie ein Computer löst. Anders als bei KI-Prozessen erleben klassische Algorithmen keinen Lernprozess und sind für wiederkehrende Problemstellungen nicht adaptiv.

Abb. 4.16 zeigt, wie sich KI-Berechnungsprozesse gegenüber klassischen Methoden der Simulation hinsichtlich Genauigkeit und Rechenzeit prinzipiell einordnen lassen. Hierbei kann man allgemein die Ebenen der Simulation in differentialgleichungsbasierte (DFG-) Ansätze und signalbasierte Ansätze unterteilen.

Mit 3D (siehe Abschn. 3.1) begibt man sich auf die höchste Detailebene der DFG-Ansätze. Hier werden DFG-Solver sowohl zeit- als auch raumdiskret für jeden einzelnen Knoten eines Gitternetzes (Mesh) berechnet und dies je nach Ordnung des Solvers sogar mehrfach pro Zeitschritt gelöst. Die 0D-Ebene stellt die niedrigste DFG-basierte Detailebene dar, für die eine räumliche Betrachtungsweise entfällt (siehe dazu rückblickend Abschn. 3.1.3).

Die signalbasierte Ebene wird unterteilt in White-Box-, Grey-Box- und Black-Box-Modelle. Als White-Box werden physikalische Modelle beschrieben, die Eingänge und Ausgänge auf Basis theoretischer (physikalischer) Zusammenhänge darstellen und für den Anwender nachvollziehbar sind. Gray-Box-Modelle sind hingegen so gesehene hybride Modelle und dafür bekannt, eine nur teilweise physikalische Darstellung in Kombination mit zusätzlichen Realdaten, die fehlende physikalische Zusammenhänge durch eine mathematische Regression abbilden, zu kombinieren. Sind gar keine physikalische Relationen bekannt, sodass Korrelationen von Ein- und Ausgängen nur über mathematische Zusammenhänge beschrieben werden müssen, kann dies nur über große Mengen an Realdaten

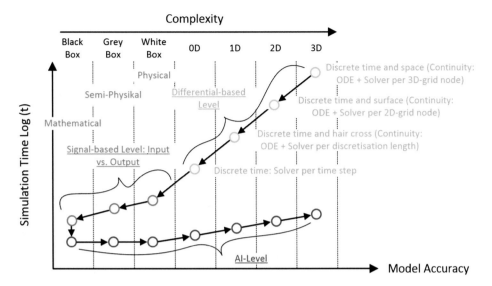

**Abb. 4.16** Trade-off zwischen Detaillierungsebene und Modellgenauigkeit: KI-Simulation im Vergleich zur klassischen Simulation

erzielt werden. Die Korrelationen bleiben für den Anwender intransparent, was den Black-Box-Modellen zuzuordnen ist.

Durch die KI lassen sich prinzipiell sowohl alle DFG-basierten als auch signalbasierten Ebenen nachbilden. Eine KI-Ebene positioniert sich demnach flexibel und je nach Bedarf von einfach bis hin zu komplex. Folgt man den Richtungen der Pfeile, so wird deutlich, dass die höchste Detailebene der Simulation, und zwar die der 3D, mit der KI erreicht werden kann – im Verhältnis jedoch mit massiven Rechenzeitvorteilen (Abb. 4.17).

Während in Computern klassische CPU-Chipsätze (Central Processing Unit) mehrere Kerne verwenden, die sich auf die sequenzielle Verarbeitung von Rechenprozessen konzentrieren, ist eine GPU (Graphical Processing Unit) für parallele Verarbeitungsprozesse geeignet. Sie stellt hunderte bis hin zu tausende kleinerer Kerne zur Verfügung, um Threads

**Abb. 4.17** Serielle Aufgaben
vs. parallele Aufgaben

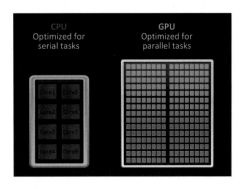

**Abb. 4.18** Geschwindigkeits-
vergleich GPU vs. CPU

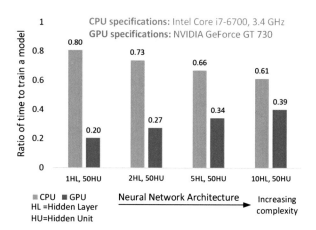

(oder Anweisungen) gleichzeitig zu verarbeiten. In Kombination mit der künstlichen Intelligenz und den parallelen Verarbeitungsprozessen neuronaler Netzwerke erschließt es sich, dass GPUs hierfür ideal geeignet sind. Die obige Grafik zeigt hierzu das Ergebnis einer Studie, in der die Berechnungsgeschwindigkeit zwischen einem CPU und einem GPU gegenübergestellt ist. Als Benchmark wurden hierfür mit ansteigender Komplexität der Architektur vier neuronale Netzwerke herangezogen. Näheres zu Netzwerkarchitekturen wird in Abschn. 5.5.4 aufgeführt (Abb. 4.18).

**Den Trend nutzen durch neue Wertneuschöpfungsprozesse**
Arbeitsgeschwindigkeit steht bekanntlich immer im direkten Zusammenhang mit Kosten. Durch die Anwendung von KI-Modellansätzen können nicht nur bisherige Berechnungen, sondern auch Methoden bis hin zu Methodenketten (Methodologie) in vorhandene Entwicklungsprozesse integriert werden. Dadurch sollte es nicht nur möglich sein, die Entwicklungsgeschwindigkeit drastisch zu erhöhen, sondern einen deutlich schlankeren und effizienteren Prozess zu gestalten. In Abschn. 4.2 wurde der Trend der entwickelten Simulationstools seit den 1970er Jahren präsentiert und diskutiert. Die bis in die Jahre 2013/2014 rasant ansteigende Softwarenachfrage (vgl. Abb. 4.7), die im gegenseitigen Wettbewerb stehen, haben ebenso Anwender vor die schwierige Aufgabe gestellt, herauszufinden, welche Tools ihre Ansprüche am ehesten erfüllen und in ihren individuellen Work-Flow integrierbar sind. Die Folgen daraus sind zeit- und kostenaufwendige Gegenüberstellungen und Benchmarks, hohe Investitionsvolumen für multiple Lizenz- und Solverkosten innerhalb identischer Anwendungsgebiete, und IT-Instandhaltungskosten, um infolge der Softwarenutzungsvielfalt die Komplexität der Netzwerkarchitektur und Rechencluster zu bewältigen.

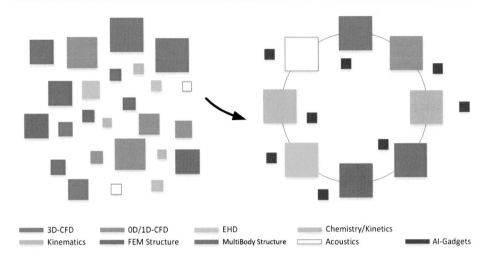

| 3D-CFD | 0D/1D-CFD | EHD | Chemistry/Kinetics | |
|---|---|---|---|---|
| Kinematics | FEM Structure | MultiBody Structure | Acoustics | AI-Gadgets |

**Abb. 4.19** Gadgeting Prozess: Rationalisierung aller Simulationstools auf das stärkste Tool in seiner jeweiligen Disziplin, Erweiterung der Entwicklungslandschaft durch KI-Gadgets

Führt man den Gedanken weiter, so greift der derzeitige Trend gemeinsam mit den vielversprechenden Konzepten der KI ideal ineinander. Ein mögliches Szenario, das hier vorgestellt wird, ist, dass es zu einer Rückentwicklung und Neusortierung der Softwarevielfalt kommt. Die Softwarevielfalt wird sich auf eine Kernsoftware beschränken, die den Anforderungen der Nutzer im weitesten Sinne entsprechen. In jeder Disziplin, ob 3D, 1D/0D, EHD, Chemie/Kinetik, FEM, MKS, Kinematik oder Akustik können Kostensparmaßnahmen getroffen werden, indem aus der großen Vielfalt das für die jeweiligen Bedürfnisse effizienteste Tool ausgewählt wird und zukünftig die Funktion eines Datengenerators übernimmt. Die Entwicklungslandschaft wird sich demnach aus einem harmonischen Zusammenspiel des stärksten Tools seiner Disziplin (als Datengenerator), umgeben von vielen KI-Applikationen (KI-Gadget), die den Eingang virtueller Daten nutzen, zusammensetzen. Dieser Rationalisierungsprozess wird nachfolgend als Gadgeting bezeichnet (Abb. 4.19).

Hieraus ergeben sich prinzipiell zwei interessante Konzeptmöglichkeiten:

**1. Teilkonzept: KI-Gadgets zur Unterstützung der Kalibration**
Eine erste Konzeptmöglichkeit ist, Simulationstools weiterhin als ergebnisliefernde Systeme beizubehalten. Zusätzlich werden diese als Datengeneratoren herangezogen. Die in der Struktur integrierten KI-Gadgets haben hier die Funktion, Parameter gewünschter Submodelle in Korrelation zu ihren Ausgangsergebnissen zu setzen. Darüber wird der Kalibrier-

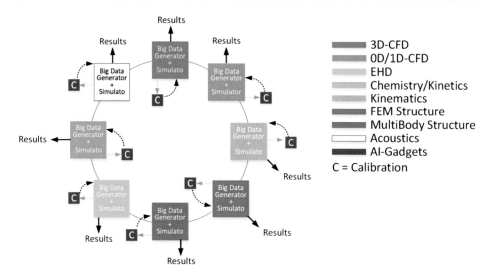

**Abb. 4.20** Gadgeting-Teilkonzept: KI-Gadgets zur Unterstützung der Kalibration

aufwand (C) von Modellen automatisiert, sodass eine zeitaufwendige Parameterabstimmung auf vorliegende Realdaten entfällt. Die richtige Parametrierung wird fortan von KI-Gadgets geliefert. Abb. 4.20 stellt dar, wie in einer solchen Konstellation alle Systeme ineinandergreifen.

Um das Konzept ein Stück weit zu konkretisieren, wird dargestellt, wie KI-Gadgets zur Unterstützung der Modellkalibrierung erstellt werden können. Abb. 4.21 zeigt eine

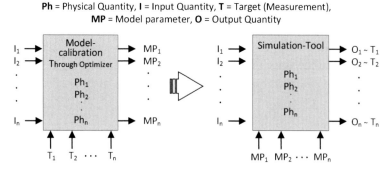

**Abb. 4.21** Klassischer Vorgang einer Modellkalibrierung (links) und Modellanwendung als Datengenerator (rechts)

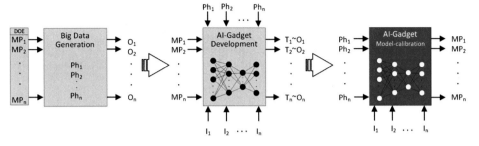

**Ph** = Physical Quantity, **I** = Input Quantity, **T** = Target (Measurement),
**MP** = Model parameter, **O** = Output Quantity

**Abb. 4.22** Methode zur Big-Data-Generierung und Erstellung von KI-Gadgets

typische zweistufige Prozesskette, mit der Simulationsmodelle kalibriert werden. Im ersten Schritt (links) werden Zielgrößen $(T_1, T_2, \ldots, T_n)$ vorgegeben, die üblicherweise von gemessenen Realdaten stammen. Über die Nutzung von Optimierern werden Modellparameter $(MP_1, MP_2, \ldots, MP_n)$ so weit angepasst, bis sich eine beste Kombination findet, die bei gegebenen Eingangsgrößen $(I_1, I_2, \ldots, I_n)$ die Zielgrößen erfüllt. In einem zweiten Schritt werden die Ergebnisse der Optimierung (rechte Grafik) im Modell eingesetzt, wodurch es nun als kalibriert gilt, um es für Vorhersagen gewünschter Anwendungen zu benutzen. Die Ergebnisgrößen sollten nach dem Abstimmungsprozess mit den Zielgrößen in etwa übereinstimmen $(O_1 \sim T_1, O_2 \sim T_2, \ldots, O_n \sim T_n)$.

Die Adaption eines Gadgeting-Prozesses ist durch ein Dreischrittverfahren realisierbar, (siehe Abb. 4.22). Im ersten Schritt werden Parameter der Modellkalibrierung $(MP_1, MP_2, \ldots, MP_n)$ über einen DoE-Versuchsraum querbeet variiert. Das Simulationstool agiert als Datengenerator und generiert daraufhin zu jeder Variation Ergebnisgrößen $(O_1, O_2, \ldots, O_n)$. Diese Größen werden in einem zweiten Schritt mit den physikalischen Eingangsgrößen $(Ph_1, Ph_2, \ldots, Ph_n)$, die für das betrachtete Modell relevant sind und weiteren Eingangsgrößen $(I_1, I_2, \ldots, I_n)$, die das Modell erfordert, in Korrelation gesetzt. Über den Ansatz eines geeigneten KI-Modells wird angestrebt, dieselben Zielgrößen zu generieren, die dem Modellausgang im ersten Schritt entsprachen. Zukünftig kann nun das KI-Modell angewendet werden. Statt nun wieder eine komplette Kalibrierung durchzuführen, wird das KI-Gadget herangezogen, das eine sehr zuverlässige und schnelle Berechnung der jeweiligen Modellparameter veranlasst.

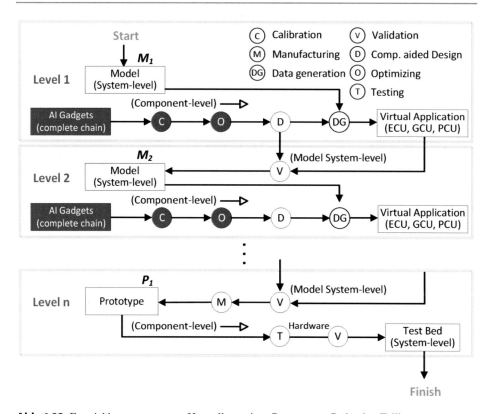

**Abb. 4.23** Entwicklungsprozess zur Herstellung eines Prototypen: Gadgeting Teilkonzept

Nach dieser Vorstellung ergibt sich eine abgeänderte Prozessschleife. Die Lieferung von Ergebnissen bleibt weiterhin in der Verantwortung der Simulationstools – die Parameterkalibrierung aller Modelle hingegen wird von den entsprechenden KI-Gadgets übernommen. Wird diese Vorgehensweise in die Entwicklung eingebunden, so ergibt sich eine neuartige Prozessschleife (Abb. 4.23).

## 2. Vollkonzept: KI-Gadgets als Ergebnislieferant

Ein zweiter und stark erweiterter Prozess zur Nutzung der schlanken Struktur ausgewählter Simulationstools ist deren reine Nutzung als Datengeneratoren so wie in Abb. 4.24 dargestellt. Für die Erzeugung weiterführender Ergebnisse sorgen für das Vollkonzept ausschließlich KI-Gadgets. Welches Antriebskonzept konkret zur Entwicklung steht, spielt dabei eine untergeordnete Rolle.

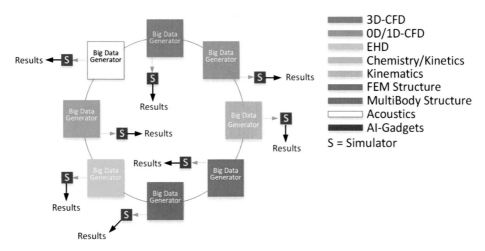

**Abb. 4.24** Gadgeting-Vollkonzept: KI-Gadgets als Ergebnislieferanten

Eine entsprechende Prozesskette innerhalb einer Entwicklungseinheit ist in Abb. 4.25 illustriert. Hierdurch ist es prinzipiell denkbar, dass multiple KI-Gadgets ineinandergreifen und Komponenten auf der Subsystem-Ebene in einem Einschrittverfahren entwickelt werden können. Auf dem Weg zum ersten Prototypen ($P_1$) wird eine massive Zeitersparnis erzielt. Eine Validierung der Komponentenebene und der Systemebene rundet schließlich die Entwicklungsschleife ab.

Um die neuartige Prozessschleife ein Stück weit zu konkretisieren, werden hier einige Themenfelder genannt, wie das Gadgeting am Beispiel der Entwicklung von Verbrennungsmotoren Einsatz finden kann. In Abb. 4.26 sind die wichtigsten Submodelle dargestellt, deren Entwicklung innerhalb der Simulation typischerweise durchgeführt werden. Hierbei

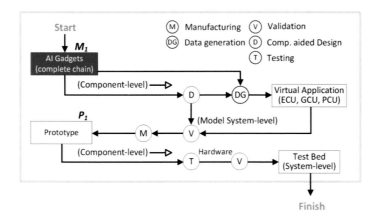

**Abb. 4.25** Entwicklungsprozess zur Herstellung eines Prototypen: Gadgeting-Vollkonzept

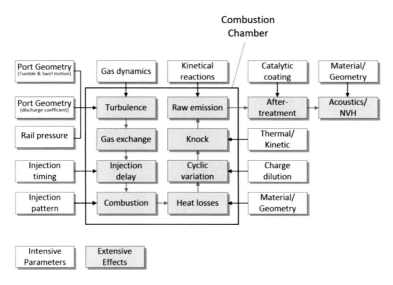

**Abb. 4.26** Submodelle in der Entwicklung und Simulation von Verbrennungsmotoren

ist eine Grenze, die relevante Submodelle für die Brennverfahrensentwicklung beinhaltet, um den Brennraum gezogen. Eine typische Schleife innerhalb eines Entwicklungsprozesses umschließt die Themen (Turbulenz, Ladungswechsel, Zündverzug, Verbrennung, Wandwärmeverluste, zyklische Schwankungen, Klopfen, Rohemissionen, Abgasnachbehandlung und Akustik). Um diese Modelle ausführen zu können, werden wiederum Randbedingungen benötigt, die von weiteren Submodellen dargestellt werden. Diese sind durch intensive Parameter gekennzeichnet.

Prinzipiell ist es möglich, jedes einzelne Submodell oder auch eine Gruppe von Submodellen, die klassischerweise physikalisch ermittelt werden, durch Berechnungen auf Grundlage von KI-Modellen zu ersetzen. Intensive Parameter stehen hierbei für Größen, die einen direkten und maßgeblichen Einfluss auf das Motorverhalten haben – extensive Effekte hingegen drücken den entsprechenden Einfluss in der jeweiligen physikalischen Ebene aus.

Bei der Datengenerierung (Big-Data-Prozess) ist es je nach Auswahl der KI-Ebene entscheidend, nach welcher Methode der Versuchsraum ausgelegt wird. Hierfür stehen in der Literatur und von modernen Tools zur Versuchsraumerstellung verschiedene Methoden zur Auswahl. Man unterscheidet hier grundsätzlich zwischen vier Kategorien:

1. Space-Filling-Design
   Diese Versuchsraumauslegung eignet sich sowohl für kontinuierliche (veränderliche) als auch für diskrete (fest vorgegebene) Eingangsparameter. Das Space-Filling-Design zielt darauf ab, den Versuchsraum so zu füllen, dass alle Räume gleichmäßig abgedeckt sind, d. h., der Abstand zwischen zwei beliebig benachbarten Versuchspunkten wird

maximiert. Im Falle von Messausreißern oder Bereichen starker Sensitivität eignet sich dieses Verfahren, um alle Bereiche des Versuchsraums bestmöglich abzugreifen [32].

2. Robustness-Design
   Diese Design-Variante eignet sich für Versuchsräume, die eine hohe Robustheit aufgrund von Wechselwirkung zwischen kontrollierbarem und unkontrollierbarem Rauschen erfordern. Es kommen hierbei Kontrollfaktoren zum Einsatz, deren Einstellungen vom Anwender oder auch automatisch vorgenommen werden und dafür Sorge tragen, das Rauschen der Versuchsausgabe zu minimieren.

3. Statistical Design
   Eine statistische Versuchsplanung bietet einen organisierten Ansatz zur Generierung von Daten zur Prozessoptimierung mit mehreren Parametern. Bei einem DoE-Ansatz können Experimente in zufälliger Reihenfolge ausgeführt werden, während mehrere Variablen gleichzeitig geändert werden, anstatt ein Parameter nach dem anderen variiert wird, während alle anderen Parameter konstant gehalten werden. Der Vorteil einer zufälligen Auswahl der beteiligten Versuche ist, dass jeder einzelne von ihnen als Teil einer Gesamtpopulation die gleiche Chance bekommt, um am Training eines Modells beizutragen.

4. Optimal Design
   Statistische Designs wie beispielsweise das Full Factorial setzen einen idealen und einfachen Versuchsaufbau voraus, der ungeeignet ist, um multiple Versuchsziele zu erfüllen. Das Optimal Design stellt im Gegensatz dazu einen Ansatz dar, der versucht, den gesamten Betrachtungsraum zu berücksichtigen und die Genauigkeit gesamtheitlich voll auszuschöpfen. Optimales Design konzentriert sich auf die Minimierung eines Kriteriums, das sich entweder auf die Varianz oder andere statistisch relevante Größen bezieht. Zwei der häufigsten Kriterien sind das D-Kriterium und das I-Kriterium. Das D-Kriterium bezieht sich auf die Varianz faktorieller Einflüsse und das I-Kriterium auf die Genauigkeit der Vorhersage (Abb. 4.27).

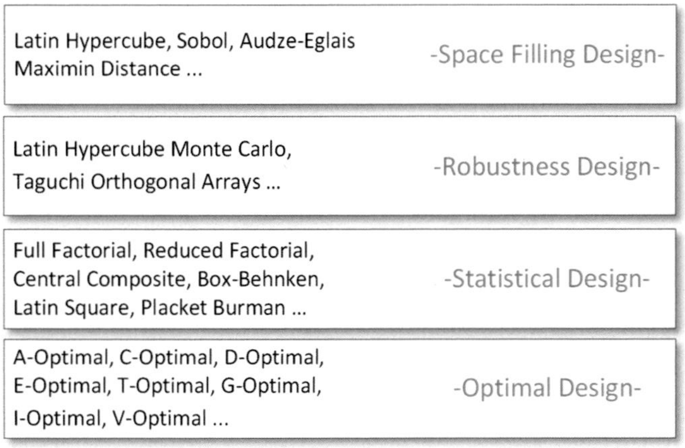

**Abb. 4.27** Verschiedene DoE-Ansätze zur Erstellung eines Versuchsraums

**Integration KI-basierter Entwicklung in Vorgehensmodellen**

In der Umsetzung von Produkten im Rahmen von Entwicklungsprozessen setzen Vorgehensmodelle wichtige Qualitäts- und Sicherheitsstandards. Sie dienen dazu, Richtlinien vorzugeben, die eine Projektüberwachung unterstützen und notwendige Entwicklungsschritte zusammenhalten, sodass sie nicht übersehen werden. Durch ihr phasenorientiertes Grundgerüst erbringen sie in ihrer Anwendung entscheidende Vorteile für die Projektleitung von Produktentwicklungen nicht nur für den Projektverantwortlichen, sondern für gesamtheitliche Entwicklungsteams.

Mit der Einführung kontrollierter Entwicklungsprozesse konnte laut vielen Erfahrungsberichten belegt werden, dass qualitative Produktergebnisstandards mittel- und langfristig erhoben werden konnten. Sie fordern einen Entwurf von System- und Software-Architekturen in einer vorgelagerten Projektphase und betonen, dass alle Anforderungen an ein System vor Beginn einer Implementierung klar definiert sein müssen. Nach der Entwurfsphase dienen sie in der operativen Anwendung als Orientierung und tragen letztlich zu einer realistischen Zeit- und Kostenplanung bei.

Speziell im Automotive-Bereich hat sich das sogenannte V-Modell, was den klassischen Vorgehensmodellen zuzuordnen ist, über die letzten Jahrzehnte hinweg durchgesetzt. Vorwiegend ist es in dieser Branche wichtig, unterschiedliche Bestandteile von Produkten sowie Software, Mechanik, Elektronik oder Mechatronik in einer integrierten Entwicklungseinheit und nicht etwa getrennt zu betrachten. Die strikte Systemorientierung von V-Modellen unterstützt die Berücksichtigung gegenseitiger Verknüpfungen unterschiedlicher Systemebenen (sowie Hard- und Software) und hebt Test-, Verifikations- und Validierungsphasen hervor, damit die Integrierbarkeit zu jeder neuen Entwicklungsstufe gewährleistet ist.

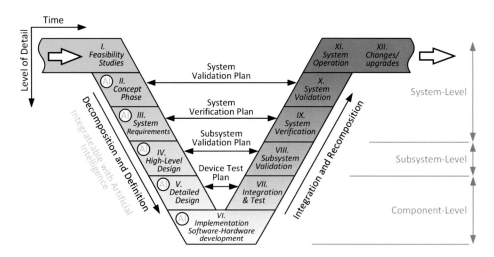

**Abb. 4.28** Integration von KI in den V-Entwicklungsprozess für das Automobil [33]

Abb. 4.28 zeigt, dass sich die Integration von KI prinzipiell in der gesamten linken V-Hälfte sehr sinnvoll gestalten lässt. Dies umfasst die Entwurfsphase, die Konzeptphase und die Entwicklungsphase von der Systemebene bis hin zur Komponentenebene.

Jedes Unternehmen verfügt über seine eigens historisch gewachsene Entwicklungskultur und individuelle Produktentstehungsprozesse. Insofern müssen Vorgehensmodelle maßgeschneidert entwickelt werden, die den internen, projektspezifischen Anforderungen gerecht werden. Historisch gesehen lässt sich generell erkennen, dass Entwicklungskulturen zwischen Unternehmen noch vor wenigen Jahrzehnten viel unterschiedlicher waren als heute. Bedingt durch internationale und offene Kommunikationsplattformen sowie Konferenzen, in denen interne Entwicklungsmethoden offengelegt werden, durch Vorgehensmodelle, die komplette Entwicklungsprozesse im Kern zusammenhalten und standardisieren und vor allem durch eine globalisierte Anstellungskultur von Mitarbeitern, die Berufserfahrungen unterschiedlicher Unternehmen in ein neues Unternehmen mit einbringen und übertragen, gleichen sich Entwicklungskulturen in der Automobilbranche weltweit mehr und mehr an. Insofern sind Vorgehensmodelle in ihrer Übertragbarkeit inzwischen leichter und flexibler geworden.

# Künstliche Intelligenz für die Entwicklung von Antrieben

**5**

Künstliche Intelligenz (KI) beschäftigt sich mit der Wissenschaft, menschliche Lern-, Denk- und Entscheidungsstrukturen in mathematische Modelle zu überführen. Ihr Ziel liegt darin, Maschinen zu befähigen, Aufgaben intelligent auszuführen und sie von einer expliziten Programmierung eines Lösungswegs zu distanzieren. Erstmalig geprägt wurde der Begriff KI von John McCarthy im Jahre 1956, der die Vision hatte, Computersystemen eine Art Entscheidungskraft zu verleihen, sodass sie nach dem Vorbild menschlicher Rationalität arbeiten. Von einem intelligenten System ist hiernach dann die Rede, wenn es in der Lage ist, seine Umwelt wahrzunehmen und Maßnahmen zu ergreifen, um einen beliebigen Sachverhalt auf Basis kognitiver Entscheidungen zu optimieren. Die Anwendungsvielfalt und Fantasie im Einsatz intelligenter Systeme ist groß und betraf zunächst nicht vorwiegend technologische Entwicklungen, sondern vor allem den medizinischen Bereich wie beispielsweise die Neurowissenschaft und Psychologie sowie Disziplinen der Wirtschaft, der Sprachwissenschaften und der Philosophie.

In den letzten Jahren hat künstliche Intelligenz enorm an Bedeutung gewonnen. Die Verfügbarkeit großer Datenmengen stellt die entscheidende Grundlage zur Anwendung von KI dar. Da Unternehmen seit Beginn der Digitalisierung stets große Datenmengen aus ihrem laufenden Geschäftsbetrieb sammeln, steigt mehrheitlich das Interesse, KI als logische Konsequenz für die Verarbeitung dieser einzusetzen. KI kann dabei helfen, Muster innerhalb von Daten zu entschlüsseln und zu interpretieren und Entwicklungsprozesse fortschrittlich zu erweitern.

---

Die Originalversion des Kapitels wurde revidiert. Ein Erratum ist verfügbar unter
https://doi.org/10.1007/978-3-662-63495-0_6

## 5.1    Modelle künstlicher Intelligenz (KI)

Künstliche Intelligenz ist ein weit gefächerter Begriff und bietet vielfältige Anwendungsmöglichkeiten. Spricht man von KI, wird damit häufig die Vorstellung verbunden, dass
Maschinen bzw. Algorithmen menschliche Denkstrukturen vermitteln. Wichtig ist, dass
man sich vor Augen führt, dass menschliches Denken und seine Richtigkeit nur subjektiv
bemessen werden kann und nicht notwendigerweise einem rationalen Denken entsprechen
muss. Eine Schwierigkeit, die hinzukommt, ist, dass Denkstrukturen bzw. die Lösung eines
Denkvorgangs verschiedenartige Verhaltensweisen in Gang setzen können, deren Richtigkeit wiederum nur subjektiv beurteilbar ist. Insofern kann ein Verhalten als Ergebnis eines
Denkvorgangs ebenso in ein menschliches und in ein rationales unterschieden werden.

**Menschliches Denken**
Unter dem Begriff Denken werden alle mentalen Vorgänge verstanden, die Ebenen wie Vorstellung, Erinnerung, Erfahrung und einen resultierenden Prozess der Erkenntnis zusammen-
fassen. Nur das Endprodukt des Denkens wird als ein Ergebnis bewusst wahrgenommen,
selten sind es die Denkprozesse selbst, die einem zugänglich sind.

Denken ist ein Vorgang, der im Allgemeinen streng von Wahrnehmung und Intuition
getrennt werden muss. Wahrnehmung und Intuition sind nicht begrifflich, im Gegensatz
dazu sind Gedanken propositional und fassbar. Untersucht man den Vorgang des Denkens,
so kann dieser entweder konstruktiv entwickelt oder basierend auf einem Einfall, auf einem
spontanen Gefühl, einer Situation, oder durch Sinneseindrücke ausgelöst werden. [34]

Das Denken im Einzelnen ist aktueller Forschungsgegenstand in unterschiedlichen Disziplinen. Die Komplexität dahinter liegt im Aufbau einer Gedankenstruktur, die je nach Disziplin sehr unterschiedlich aussehen kann. Um die psychologischen, neuronalen und bioche-
mischen Mechanismen, die dem Denken zugrunde liegen, besser zu verstehen, beschäftigen
sich Hirnforscher mit der zellularen Ebene des Denkens.

Wird einer Maschine die Fähigkeit zugesprochen, menschlich zu denken, so ist dabei
insbesondere der Berechnungsprozess gemeint, der mit dem Denkprozesse eines Menschen
vergleichbar ist. Denkprozesse können dann untersucht und verstanden werden, wenn sie im
Zusammenhang mit der Lösungsfindung eines bestimmten Problems stehen. Die Lösungswege können wiederum vielfältig sein, was bedeutet, dass sie individuell je nach Fachbereich
und Anwendung verstanden werden müssen, um für eine Maschine ein maßgeschneidertes
Training zu ermöglichen. Entspricht ein bestimmtes Input-Output-Muster dem eines Menschen, ist dies nur ein erster Beweis dafür, dass auch der Denkprozess dem eines Menschen
entsprechen kann.

A. Newell, J.C. Shaw und H. Simon, entwickelten im Jahre 1959 das Computerprogramm „General Problem Solver" (G.P.S.), das in der Lage sein sollte, jegliche Formen von Problemstellungen durch mathematische Formulierungen abzubilden. Hierfür lag der Fokus für die Entwickler nicht darin, für ein beliebiges Problem eine richtige Lösung vorherzusagen, sondern vielmehr den Lösungsweg nach menschlicher Logik zu gestalten, um zur selbigen Lösung zu finden. Das interdisziplinäre Feld der sogenannten kognitiven Wissenschaft konzentriert sich darauf, Computermodelle aus der KI und experimentell erworbene Techniken der Psychologie zusammenzubringen, um präzise testorientierte Theorien des menschlichen Verstandes zu ermitteln. [35]

**Rationales Denken**

Bewusste Entscheidungen zu treffen, ist eine den Menschen gegebene Fähigkeit, die erst mit dem Vorhandensein einer Vorstellungskraft ermöglicht wird. Eine Vorstellung von Auswirkungen unterschiedlicher oder aufeinanderfolgender Handlungen ermöglicht uns aus verschiedenen Handlungsoptionen eine bevorzugte Handlung auszuwählen. Um eine solche Entscheidung zu treffen, bedarf es 1. eines komplexen Vorstellungsvermögens in multidimensionalen Ebenen und 2. Zielzustände, die die Auswirkungen einer Handlung bewertbar machen. Entspricht eine Vorstellung den tatsächlichen Auswirkungen und ist zudem eine Auswirkung richtig ermessbar, so kann angenommen werden, dass die ursprüngliche Handlungsgröße in einem direkten und funktionalen Zusammenhang mit der Lösung steht. Beide Aspekte werden als epistemologische und instrumentale Rationalität bezeichnet.

Rationales Denken ist eine Fähigkeit, die dem Menschen nicht angeboren ist, sondern erlernt und trainiert werden muss. Bis dahin ist unsere Vorstellungskraft scheinbar mit vielen Mängeln behaftet. Es steht dabei im Gegensatz zum irrationalen Denken. Die Fähigkeit, beide Denkmuster voneinander abzugrenzen, unterliegt einem Entwicklungsprozess in unserem Gehirn, während es Strukturen herausbildet. Die Kunst, Schlüsse, die in der Mehrheit der Fälle korrekt sind und darum eine gute erste Abschätzung liefern, von Fällen, die falsche Ergebnisse liefern, zu unterscheiden, wird als „Heuristik" bezeichnet. Da unser Gehirn durch Wiederholungen lernt, bleiben korrekte Schlüsse in unserem Gedächtnis haften und überlagern die Fälle, in denen wir falsch lagen. Bei einer oberflächlichen Reflexion hingegen kann es leicht passieren, dass irrationales Denken übersehen wird. Diese Situation kann dazu führen, dass man sich in einer Situation im Recht sieht, auch wenn dem nicht so ist. Menschliche Entscheidungsgrundlagen beruhen oftmals auf Erfahrungen vieler einzelner Entscheidungen aus der Vergangenheit. Erst die Beobachtung vergangener Konsequenzen, die aus vorherigen Entscheidungen hervorgegangen sind, bildet in der Summe einen Erfahrungswert, auf dessen Basis sich wiederum eine nächste Entscheidung bilden kann. Somit kann gesagt werden, dass menschliche Entscheidungen statistischer Natur sind. [36]

Einen Sachverhalt zu wissen bedeutet, dass er gelernt wurde, und dies wiederum, dass dafür im Wissensbildungsprozess neuronale Strukturen gebildet wurden. Wissen kann somit in einen direkten Zusammenhang mit komplexen Funktionen im Gehirn gebracht werden. Anders als in einem KI-System werden diese Funktionen allerdings nicht durch Operatoren, sondern durch biochemische Prozesse aktiviert und über das Denken zum Ausdruck gebracht. Die Verlässlichkeit biochemischer Prozesse kann einer Wahrscheinlichkeitsthese gleichgestellt werden. Die Wahrscheinlichkeit ist demnach eine Eigenschaft des Gehirns und ein Maß dafür, inwieweit biochemisch ablaufende Prozesse die Realität mit der Fähigkeit zur Abstraktion abbilden können. Rationales Denken wird daher auch bezeichnet als Denken, das an einer beobachtbaren Realität abgesichert wird.

Begibt man sich auf die Systemebene, so werden Systeme dann als rational interpretiert, wenn sie von Menschen „zu erwartende" Ergebnisse liefern. Seit den frühen 1960er Jahren werden in der Forschung Programme entwickelt, die in der Lage sind, Probleme zu lösen, die durch logische Notationen dargestellt werden können.

**Menschliches und rationales Verhalten**

Der britische Mathematiker und Logiker Alan Turing gilt bis heute als einer der einflussreichsten Theoretiker der Computerwissenschaft. Im Zusammenspiel mit seiner Mitte der 1930er Jahren vorgestellten Turing-Maschine gelang es ihm nachzuweisen, dass es Maschinen prinzipiell gelingen kann, komplexe Zusammenhänge der Realität auf mathematischem Boden nachzubilden. Er postulierte, dass kognitive Prozesse nachvollzogen werden können, sofern sich diese in algorithmische Zusammenhänge zerlegen lassen. Als Ergebnis seiner Überlegungen stellte er 1950 den bis heute bekannten Turing-Test vor, der als anerkanntes Messverfahren gilt, mit dem sich künstliche Intelligenz nachweisen lässt. Das Versuchsmodell definierte sich in der schriftlichen Kommunikation zwischen einem Computer und einem Probanden. Der Computer versucht sich als ein denkendes Individuum dem Tester gegenüberzustellen. Erst wenn es zum Abschluss einer Kommunikation kommt und der Proband nicht in der Lage war festzustellen, ob es sich bei seinem Kommunikationspartner um einen Menschen oder um eine Maschine handelte, so galt der Test als erfolgreich abgeschlossen. Um dies zu erreichen, musste die Maschine in der Lage sein, die folgenden Abstraktionsebenen zu erfüllen [37]:

1. Die Verarbeitung einer natürlichen Sprache, um die darin enthaltenen Informationen zu verstehen
2. Eine Wissenszusammenstellung zum Speichern der ausgetauschten Informationen
3. Die automatisierte Schlussfolgerung, um aus den gespeicherten Informationen geeignete Antworten zu formulieren
4. Maschinelles Lernen, um aus den Informationen angepasste Antworten zu ermitteln

Entwicklern gelingt es heutzutage bereits über kurze Zeiträume menschliches Verhalten sowohl in der Schriftsprache über sogenannte Chatbots als auch über Sprachgeneratoren nachzuahmen. Ist der Proband allerdings darüber informiert, dass der Kommunikationspartner ein Computer ist, kann er ihn durch gezielte Fragen leicht entlarven. Um ein rationales Verhalten algorithmisch abzubilden, werden sogenannte „Agenten" eingesetzt, die in einer Lern- und Trainingsphase eine Überwachungsfunktion übernehmen. Dem Agenten wird die Aufgabe zugewiesen, seine Umgebung zu begreifen, Eingangs- und Störgrößen in Relation zu Ausgangsgrößen zu verstehen und Veränderungen im System autonom zu adaptieren, um ein gewünschtes Resultat zu erzielen. Weiterhin hat er die Aufgabe, über seine Kontrollkriterien Rationalität nachzuahmen. Es gibt aber Situationen, bei denen keine logischen Lösungen eines Problems existieren. Speziell in diesen Fällen ist der Agent dazu angehalten, reflexive und über die Logik nicht erklärbare Lösungsansätze zu gestalten und seine „Rationalität" zu erweitern. Der Agent agiert somit über die Gesetze des logischen Denkens hinaus, weil er anders als Menschen keine logischen Rückschlüsse zu seinen Entscheidungen belegen muss. Er ist dadurch in der Lage, Ergebnisse zu präsentieren, die unser Geist aufgrund seiner Limitierung der Denkstruktur nicht erzielen könnte.

**Singularität**
Im Zusammenhang mit Maschinen, die einen gewissen Reifegrad besitzen, menschliches Denken und rationales Verhalten nachzuahmen, fällt häufig der Begriff der Singularität. Unter der technologischen Singularität werden Theorien zusammengefasst, die einen Ausblick in die Zukunft geben. Vorwiegend versteht man darunter einen bestimmten Zeitpunkt, den Maschinen erreichen, von wo aus sie mittels künstlicher Intelligenz in der Lage sind, sich selbst fortan autonom und rasant weiterzuentwickeln. Dieser Zeitpunkt wird perspektivisch als ein mögliches historisches Revolutionsereignis vorhergesagt, hinter dem die Zukunft der Menschheit nicht mehr absehbar ist. Für Forscher ist die Abschätzung eines genauen Zeitpunkts derzeit schwierig, aber möglich ist, dass dieser überraschend eintritt. Diese Erwartungshaltung liegt der Beobachtung zugrunde, dass sich Technik und Wissenschaft seit Anbeginn der Menschheit immer rascher weiterentwickelt haben und speziell im letzten Jahrhundert einer exponentiellen Entwicklungsgeschwindigkeit unterliegen. [38]

Mit Singularität wird häufig die Vorstellung verbunden, dass menschenähnliche Roboter, auch Transhumanoide genannt, mit uns Menschen Tür an Tür zusammenleben und uns in all unseren Eigenschaften sowie Geschwindigkeit, Stärke, Intelligenz, Verfügbarkeit und Effizienz weitaus überlegen sind. Diese Vorstellung beruht allerdings nach jetzigem Wissensstand vielmehr auf Science-Fiction als auf einer realistischen Prognose. Die anfängliche Singularität wird vielmehr auf einer algorithmischen und einer prozessoptimierenden Ebene stattfinden als auf einer Robotik-Ebene. Bereits heute werden auf nahezu allen technologischen Entwicklungsebenen hochmoderne und intelligente Algorithmen verwendet, die einen Entwicklungsprozess effizienter und schlanker gestalten. Sollten diese Prozesse in

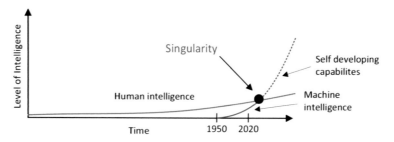

**Abb. 5.1** Singularität [39]

Zukunft noch verlässlicher und vor allem autonomer gestaltet werden können, so bedeutet dies in erster Linie, dass die Arbeitswelt der Technik, der Wirtschaft, des Finanz- und Bankwesens und in anderen Sektoren weiterhin einer topologischen Veränderung unterliegt. KI wird demnach das Zusammenspiel zwischen Algorithmik und der Arbeitskraft von Menschen schleichend umordnen. Die Frage, inwieweit Arbeitsplätze durch die Übernahme von Computern gefährdet sind, steht seit Langem zur Debatte. Dies wurde vom Digitalisierungsprozess bisher in technologischen Industrieländern nicht bewiesen, eine Umordnung der Berufstopologien und eine Veränderung der operativen Arbeit allerdings schon. Der Trend sollte für die nächsten Jahrzehnte weiter extrapolierbar sein. Abb. 5.1 stellt schematisch den Zeitpunkt der Singularität auf der Zeitlinie der menschlichen Intelligenzentwicklung dar.

Die Anfänge des maschinellen Lernens und der Weg zur künstlichen Intelligenz gehen zurück bis in die 1950er Jahre. Eine Vielzahl einzelner Errungenschaften hat den Weg der KI zum leistungsstarken Werkzeug geebnet. Die Besonderheit der KI liegt inzwischen darin, dass sie durch Software allen Anwendern zur Verfügung steht. Bereits heute erfahren wir einen bemerkenswerten Anstieg an Neugründungen von Unternehmen, die sich den Technologien der KI bedienen. Dies lässt uns erwarten, dass im kommenden Jahrzehnt wirtschaftliche und gesellschaftliche Digitalisierungsprozesse vor einer bedeutenden nächsten Welle stehen. Die Timeline in Tab. 5.1 gibt eine Übersicht über die wichtigsten Meilensteine der KI von ihrer anfänglichen Begründung bis heute.

KI wird von wirtschaftlichen Studien als die Schlüsseltechnologie der Zukunft ausgewiesen. Viele dieser Studien haben sich bereits mit den Marktpotenzialen und ihren Auswirkungen auf die unterschiedlichsten Wirtschaftsfelder befasst. Eine Studie im Auftrag des Bundesministeriums für Wirtschaft und Energie erarbeitet auf Basis intensiver Befragungen an Unternehmen in Deutschland, inwieweit KI-Technologien bereits im verarbeitenden Gewerbe von klein- und mittelständischen Unternehmen (KMU) und Großunternehmen (GU) in ihren jeweiligen Wertschöpfungsketten genutzt werden. Dabei gaben für insgesamt

**Tab. 5.1** Meilensteine der künstlichen Intelligenz

| | | | |
|---|---|---|---|
| 1950 | Alan Turing presents the Turing Test | 1982 | Dragon System introduces NUANCE, the development of the first commercial speech recognition system |
| 1950 | I. Asimov presents 3 laws of robotik | 1986 | Renaissance through neural networks by D. Rumelhart, G.E. Hinton and T.J. Sejnowski |
| 1951 | M. Minsky builds the first nuero computer called SNARC (Stoichastic Neural Analog Reinforcement Computer) with 40 synapses | 1989 | Carnegie Mellon University, Pittsburgh presents first autonomous vehicle based on neural networks |
| 1955 | First self-learning game „Checkers" is programmed by A.L. Samuel | 1993 | Computer POLLY gives tours on the seventh floor at MIT and interacts with visitors |
| 1956 | J. M. Carthy founds the word „Artificial Intelligence" as a research discipline on the scientific conference Dartmouth college, New Hampshire | 1997 | IBM DEEP BLUE beats the world chess champion G. Kasparov in chess |
| 1956 | A computer program named LOGIC THEORIST written by A. Newell, H.A. Simon and C. Shaw. It was the first program mimicing problem solving skills of a human being | 1997 | In Nagoya (Japan) the first robot world championship RoboCup is held with 37 participants |
| 1959 | MIT establishes an institute for AI | 1999 | Sony presents the first AI-based robot AIBO |
| 1959 | A. Newell, H.A. Simon and C. Shaw develop the computer program G.P.S (General Problem Solver) at the Carnegie Institute of Technology, Pennsylvania | 2009 | Stephen Wolframs develops the first semantic search engine called WolframAlpha |
| 1961 | The psychologist F. Rosenblatt implements perzeptron concept in the computer Mark I. Machine becomes adaptive through the trial error method | 2009 | Google builds the self-driving vehicle WAYMO |
| 1961 | First industrial robot „Ultimate" used in General Motors production line in Ewing Township, New Jersey | 2010 | Natural Language Generation (NLG) such as SARA are narrative AI tools presenting the ability to write documents |
| 1966 | The psychologist J. Weizenbaum develops the chatbot ELIZA, pretending to be a psychotherapist. | 2010 | Robust training of neural networs with multiple hidden levels becomes possible by G. Xavier and K. He |
| 1968 | First AI program for natural speech recognition named SHRDLU is presented by T. Winograd at MIT | 2011 | IBM supercomputer WATSON beats former Jeopardy champions |
| 1969 | Stanford Research Institute (SRI) introduces SHAKEY, the first intelligent locomotive | 2015 | Daimler presents the first autonomous truck on the A8 motorway |
| 1970 | Stanford University introduces MYCIN in LISP program, which analyzes blood infectious disease and suggests therapies | 2015 | Personal assistance systems such as Siri, Google Now, Alexa and Cortana are being commercialized |
| 1971 | The STANFORD-CART is presented as the first autonomous vehicle | 2015 | Open Source AI tools like TensorFlow, Azure, CloudML, Amazon AI, etc. are offered to users worldwide |
| 1978 | Facial action coding system (FACS) characterizes facial actions to express individual human emotions defined by P. Ekman and W.C. Freisen | 2016 | Google's Deepmind AlphaGo beats the reigning Go Champion Lee Sedol |
| 1979 | First AI expert system CADUCEUS for medical diagnosis specialized on internal medicine is presented | 2016 | NVIDIA Introduces the Supercomputer for Deep Learning and AI |
| 1980 | LISP based computers are available on the market | 2045 | Singularity of robotics predicted. The AI's intelligence is superior to that of humanity and can evolve independently |

9 Wertneuschöpfungsketten durchschnittlich 15 % der KMU und 25 % der GU an, mindestens in geringem Umfang KI-Technologien bereits einzusetzen (Abb. 5.2). [40]

Für ein umfassenderes Bild berücksichtigt die folgende Grafik zusätzlich zu welchem Anteil davon ausgehend KMU und GU in der Zusammenarbeit mit externen Dienstleistern operieren (Abb. 5.3).

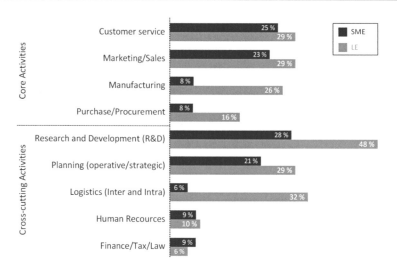

**Abb. 5.2** Anteil der KMU (SME) und GU (LE), die bereits mindestens in geringem Umfang KI-Technologien einsetzen, 2018 [40]

Eine weitere Darstellung erlaubt den Einblick in die Erwartungen der KMU und GU als perspektivischen Ausblick. Konkret, wie stark davon auszugehen ist, dass KI-Technologien in naher Zukunft in einzelne Prozesse ihrer Wertneuschöpfungsketten greifen werden. Das Ergebnis zeigt deutlich, dass alle Unternehmen im verarbeitenden oder produzierenden Gewerbe einen verstärkten Einsatz der KI-Technologien in ihren Prozesse vorhersehen (Abb. 5.4).

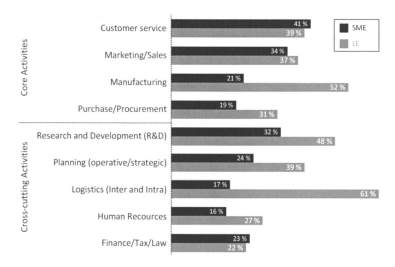

**Abb. 5.3** KMU (SME) und GU (LE), die anteilig davon mit externen KI-Anbietern arbeiten, 2018 [40]

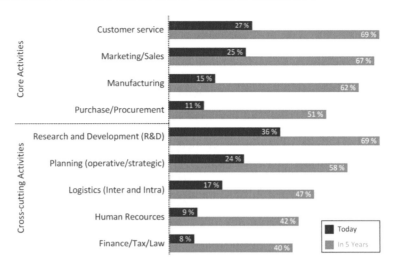

**Abb. 5.4** Anteil der KMU (SME) und GU (LE), die heute und voraussichtlich in fünf Jahren mindestens in geringem Umfang KI-Technologien einsetzen werden, 2018 [40]

## 5.2 Übersicht: Ebenen der KI

Thematisiert man Modelle im Allgemeinen, so wird zwischen **deterministischen** und **stochastischen** Modellen unterschieden. Folgt bei einer wiederkehrenden, identischen Eingabe von Eingangsparametern ausschließlich immer die gleiche Ausgabe, so ist das Modell definiert und reproduzierbar. Das ist eine Charaktereigenschaft, die auf deterministische Modelle zutrifft. Hier ist der Algorithmus eindeutig festgelegt, d. h. dass auch alle Zwischenergebnisse, die generiert werden, identisch sind. Im Gegensatz dazu stehen nichtdeterministische Modelle. In der Regel sind alle realistischen Prozesse, bedingt durch ihre Komplexität, nicht umfänglich fassbar. Unvorhersehbare Störfunktionen und Ungenauigkeiten führen zu dynamischen Eingangsbedingungen, was sich ebenso dynamisch auf das Ergebnis niederschlägt.

Speziell in der Simulation versucht man, reproduzierbare Ergebnisse zu erzielen. Dies steht im Widerspruch dazu, dass das Ziel darin liegt, stochastische Szenarien nachzubilden. Dies ist nur dann möglich, wenn Störeffekte vernachlässigt oder in Form von Annahmen und Vereinfachungen zusammengeführt werden, sodass alle Randbedingungen stets identisch sind.

Der Begriff künstliche Intelligenz wird im Volksmund inflationär verwendet und vermittelt derweil das Image, dass ein Prozess maschinell und selbstlernend durchgeführt werden kann und dadurch einer starken Unschärfe unterliegt. Selbst einfache Algorithmen der Mathematik, die vorher als solche bezeichnet wurden, genießen heute eine Aufwertung durch die Einkategorisierung in die Sparte KI, was als solches richtig ist, sofern sie gewissen Grundprinzipien intelligenter Funktionen folgen. Die Erwartungshaltung an ein KI-Modell kann sehr unterschiedlich sein. Daher ist es relevant zu verstehen, dass uns derzeit diverse

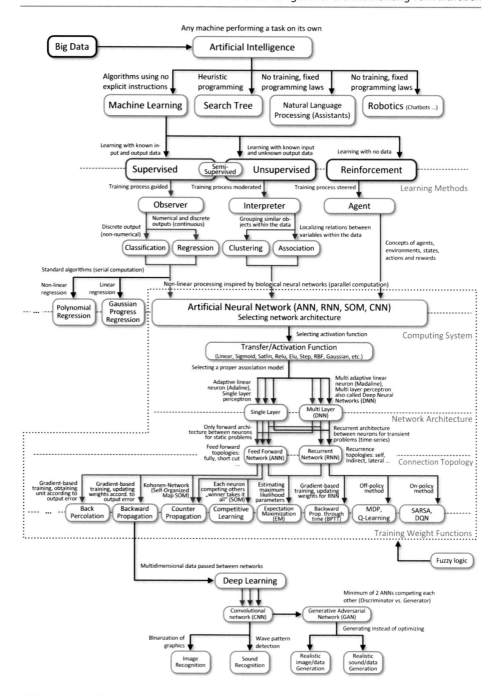

**Abb. 5.5** Flow-Chart: Detaillierungsebenen der künstlichen Intelligenz

KI-Ebenen mit unterschiedlichem Aufwand in der Modellerstellung, individuellem Grad an Komplexität und der Eignung für sehr umfangreiche Anwendungssachverhalte zur Verfügung stehen. Vorausblickend für dieses Kapitel zeigt der oben dargestellte Flow-Chart einen detaillierten Überblick über die unterschiedlichen Ebenen der KI dar. Die Grafik dient zudem als Leitfaden, worauf sich spätere Inhalte in diesem Buch fortlaufend stützen. Entlang des Flow-Charts werden alle Ebenen der KI in ihren Grundzügen thematisiert und allgemeine Konzeptbeispiele vorgestellt, die sowohl zur Konkretisierung der Techniken dienen sollen, als auch unterstützend dazu, die eigene Kreativität zu stimulieren und Anregungen für die Entwicklung eigener Anwendungsideen zu geben (Abb. 5.5).

## 5.3  Suchbaum (Search Tree)

Im Bereich der Computerwissenschaften gehören Suchbaumfunktionen zu einer lang-etablierten und bedeutsamen Methode aus dem Bereich der künstlichen Intelligenz. Durch Suchbäume ist es möglich, in einem Optimierungsprozess assoziative Strukturen ganz nach Vorbild menschlicher Entscheidungsgrundlagen in einen Algorithmus zu übertragen. Zu den wichtigsten gehören die A* (A-Stern)- Algorithmen (Abb. 5.6).

A* Algorithmen werden zur Klasse der „informierten Suchalgorithmen" gezählt. Die Suche nach einem Optimum wird hier in Form gewichteter Diagramme formuliert. Ausgehend von einem Startknoten liegt die Anforderung darin, einen Pfad aus vielen möglichen herauszusuchen, der die geringste Kostenfunktion darstellt. Mit Kosten kann dabei jede Zielfunktion wie beispielsweise Strecke, Zeit, Wirkungsgrad, Verbrauch, Batterieladezustand (State of Charge SOC) etc. gemeint sein. Ist der Startknoten des Suchbaums festgelegt, wird der Pfad des geringsten Widerstandes (hier Kostenfunktion) solange erweitert, bis dass ein Abbruchkriterium erfüllt wird. Die Wahl des richtigen Pfades nebst möglicher

**Abb. 5.6** Suchbaumstruktur

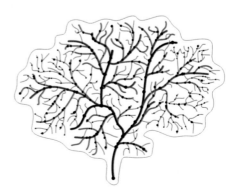

und unzähliger Alternativpfade wird über eine heuristische Methode getroffen. In diesem Zusammenhang liegt die Lehre der Heuristik darin, mit begrenztem Wissen Schlussfolgerungen über ein System durch ein analytisches Schätzungsverfahren zu treffen.

Bei jeder Iteration einer Hauptschleife muss A* bestimmen, welcher seiner Pfade verlängert werden soll. Dies basiert auf die Kosten des jeweiligen Pfades und einer Schätzung der erforderlichen Kosten zum Verlängern des Pfades bis zum Ziel. Insbesondere wählt A* den Pfad, der $f(n)$ minimiert mit:

$$f(n) = g(n) + h(n) \tag{5.1}$$

Die Variable $n$ bezeichnet hier den nächsten Knoten auf dem Pfad, $g(n)$ die Kosten des Pfades vom Startknoten bis $n$ und $h(n)$ eine heuristische Funktion, die die Kosten des günstigsten Pfades von $n$ bis zum Ziel abschätzt. [41]

Die Suchtiefe wird bei einem solchen Ansatz durch eine zur Verfügung stehende Rechenzeit limitiert. Diese ist zum einen proportional zum Rechenaufwand der Bewertungsfunktion und zum anderen wächst sie exponentiell zur Suchbaumgröße. In Abb. 5.7 wird dargestellt, wie schematisch der Aufbau einer heuristischen Abwärtsstrategie (HAS) aussehen kann. Von rechts begonnen führt die heuristische Suche so viele Untersuchungen durch, bis dass sie einen Sachverhalt in die fünfte Ebene optimiert hat. Die Idee bei einem HAS ist, nicht jedem nachfolgenden Knoten im Pfad eine gleich hohe Rechenzeit zur Verfügung zu stellen, sondern erfolgversprechende Pfade intensiver zu untersuchen. Hierzu werden jeweils alle möglichen Nachfolgeknoten $x$ gemäß ihrer neuronalen Bewertung $V_N(x)$ sortiert. Die Bewertungsfunktion kann vielerlei unterschiedliche Formen annehmen, die hier nicht näher erläutert werden soll.

$$HAS^1(x) = x_1$$
$$HAS^k(x) = f(HAS^{k-1}(x_1), HAS^{k-2}(x_2), \dots, HAS^2(x_{k-2}), HAS^1(x_{k-1})) \tag{5.2}$$

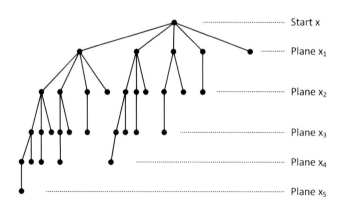

**Abb. 5.7** Suchbaum durch heuristische Abwärtsstrategie (HAS) [42]

Die Parameter $(x_1, x_2, x_3, \ldots, x_k)$ entsprechen den Nachfolgern eines Knoten $x$ in sortierter Reihenfolge.

Ähnlich zur Arbeitsweise von GPS-Systemen, die auf Basis aktualisierter Fahrdaten (Wetterdaten, Verkehrsdaten) nach dem heuristischen Suchbaumprinzip funktionieren, können multidimensionale Suchbäume miteinander verschachtelt sein. Hierbei dient das Ergebnis, also der letzte Knoten eines Suchbaums als Startknoten eines neuen Suchbaumes. Bei GPS-Systemen macht diese Arbeitsweise Sinn, da die Betrachtung aller Daten über eine gewünschte Route je nach Komplexität extrem groß werden kann und das System durch die Verarbeitungsmenge eine hohe Rechenzeit einfordert. Die Teilung in viele verschiedene Einzeletappen kann vor allem durch das kontinuierliche Prüfverfahren maßgeblich entlasten. Neben Navigationssystemen, wo Suchbäume zur Ermittlung der kürzesten Route Anwendung finden, werden sie ebenso in Suchmaschinen verwendet. Dort liegt das Ziel darin, bei einer Eingabe des Anwenders die höchstmöglichen Treffer aus einer Datenbasis vorzuschlagen. Weitere Anwendungen finden sich beispielsweise in digitalen Wörterbüchern, bei der Erstellung von komplexen Datenbankstrukturen, für die Priorisierung von Warteschleifen oder für Komprimierungs-Algorithmen von Datenformaten wie JPEG, MP3 etc.

Folgend werden konzeptionelle Beispiele vorgestellt, wie die Methode des Suchbaums in der Antriebsentwicklung eingesetzt werden kann.

**Beispiel 1: Stationäranwendung Magerkonzeptmotor**
*In diesem Beispiel wird gezeigt, wie eine Applikationsoptimierung an einem Magerkonzept-Motor mithilfe einer Suchbaum-Methode durchgeführt werden kann. Die Optimierung erfolgt hier auf stationärer Basis, d. h. eine Parametrierung wird bei einem warm gelaufenen Motor nach jedem Arbeitsspiel vorgenommen. Hierbei stehen insgesamt sieben Parameter zur Optimierung: 1. das Luft-Kraftstoffverhältnis, 2. die einlassseitige Ventilsteuerzeit, 3. die auslassseitige Steuerzeit, 4. die wastegate Stellung, 5. die Stellung der tumble-Klappe, 6. die Drosselklappenstellung, 7. der Zündzeitpunkt.*

*Die Optimierung durch den Suchbaum erfolgt durch diese Reihenfolge und kann mehrere Iterationen durchlaufen, bis dass das Ergebnis eine Konvergenz findet. Der Betriebspunkt wird durch eine konstante Motordrehzahl vordefiniert – wahlweise bei geregeltem Ladedruck über die wastegate Stellung, die in Schritt 4 stattfindet und/oder zusätzlich bei geregelter Last, die über die Stellung der Drosselklappe in Schritt 6 erfolgt.*

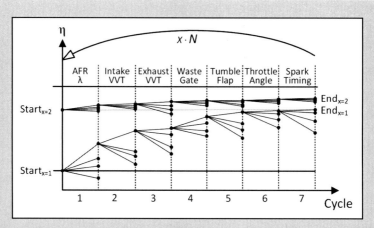

**Abb. 5.8** Optimierung von Applikationsparametern eines Magerkonzeptmotors mithilfe der Suchbaum-Methode

*Jeder Parameter durchläuft eine Auswahl an 4 Variationen. Der Suchbaum wählt schrittweise die Wirkungsgrad-optimale Lösung einer jeden Parametervariation aus und gibt das beste Ergebnis an den nächsten Berechnungsschritt weiter. In der ersten Iterationsschleife x=1 wächst der Wirkungsgrad exponentiell aufgrund eines initial ungünstig gewählten Startpunkts. In der zweiten Iterationsschleife hingegen findet ein fine-tuning Prozess statt, wodurch weitere Potentiale aufgedeckt werden (Abb. 5.8).*

*Durch die Verankerung der Parameterreihenfolge kann diese Optimierungsmethode auch zu Instabilitäten führen, sodass Schwankungen eine Konvergenz der Rechnung verhindern. In diesem Fall kann es ratsam sein, die Reihenfolge der Parameter zu verändern oder die Anzahl der Parametervariationen zu erhöhen, um ein feineres Herantasten an eine Optimallösung zu ermöglichen.[1]*

**Beispiel 2: Betriebsstrategie Hybridmotor: Emissionsreduktion Warmlauf vs. Wirkungsgradverlust**
*In einem nächsten Beispiel wird vorgestellt, wie die Methode des Suchbaums und der A\*-Algorithmen für eine transiente Warmlaufoptimierung an einem Hybridmotor angewendet werden kann. Üblicherweise stehen ein geringer Verbrauch und zugleich geringe Abgasemissionen in einem Widerspruch. Beides gleichzeitig zu realisieren ist nicht möglich, da die Reduktion des einen die Verschlechterung des anderen herbeiruft.*

---

[1] Je kleiner die Schrittweite der Parameter gewählt wird, desto genauer können nicht nur lokale Minima oder Maxima lokalisiert, sondern auch die Interaktionen zwischen den einzelnen Parametern feiner entschlüsselt werden.

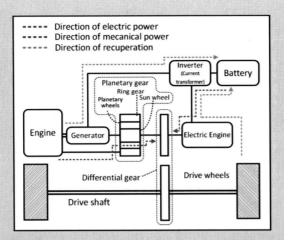

**Abb. 5.9** Systemische Darstellung eines parallel-seriellen Hybrid-Antriebsstrangs

*In einem Warmlauf ist es beispielsweise nach einem Motorstart relevant, die Abgasanlage durch hohe Abgastemperaturen rasch warm zu fahren, sodass der Katalysator seine Betriebstemperatur (Catalyst-Light-Off temperature) erreicht, die typischerweise zwischen 200° C–300° C liegt. Erst dann beginnt er Schadstoffe wie $CO$, $HC$ und $NO_x$ effizient umzusetzen. Eine interne Maßnahme, mit der dies typischerweise umgesetzt wird, ist eine späte Zündlage. Hierdurch findet die Verbrennung unvollständig statt. Bei Öffnung der Auslassventile wird ein Enthalpiestrom mit hoher Temperatur (nicht umgesetzte Energie an die Kurbelwelle) in die Abgasanlage weitergeleitet, um dort den Katalysator zu heizen. Dies hat zur Konsequenz, dass sich der Motorwirkungsgrad drastisch verschlechtert.*

*Die transiente Anwendung des Suchbaums kann genau hier effiziente Erkenntnisse und Vorschläge darüber liefern, wie die Hybridstrategie, also das Zusammenspiel zwischen Verbrennungsmotor und Elektromotor(en) in einem Fahrverbrauchszyklus ausgelegt werden kann, um das bestmögliche Verhältnis zwischen Verbrauch und Emissionen zu finden. Abb. 5.9 liefert den schematischen Aufbau eines parallel-seriellen Hybridantriebs. [29]*

*Der elektrische Zweig kann durch die parallele Verschaltung beliebig zu- oder abgeschaltet werden. Durch die Möglichkeit, den Elektromotor zu entkoppeln, ergibt sich ein rein motorischer, ein rein elektrischer oder ein gemischter Antrieb, der je nach Fahrzustand seine individuellen Vorteile mit sich bringt. Die unterschiedlichen Drehmoment-Quellen können durch verschiedene Getriebearten zusammenaddiert werden. In diesem Beispiel ist ein Planetengetriebe dargestellt, aber auch eine direkte*

*Kopplung mittels Stirnrad oder Antriebskette oder mittels Zugkraftaddition (Wirkung auf unterschiedliche Antriebsachsen) ist denkbar. Eine Aufladung der Batterie kann entweder über eine Lastanhebung des Verbrennungsmotors (Umwandlung mechanischer Energie in elektrische Energie über den Generator) oder über eine Rekuperation, also durch die Nutzung der Bremsenergie, erfolgen. Für die Nutzung der Bremsenergie nimmt der Elektromotor die Funktion eines Generators ein und speist Energie über die Umwandlungskette von mechanischer in elektrische und schließlich in chemische Energie ein und führt diese wieder in die Batterie zurück.*

*In einem Experiment werden für die ersten 200 s des WLTC Fahrzyklus vier unterschiedliche Applikationsstrategien zur Auswahl eines Suchbaums angeboten, die sich zu jedem diskreten Zeitsignal einander ablösen können. Die erste Strategie deckt mit einem frühen Zündzeitpunkt (SA) an der Klopfgrenze, einem geschlossenen wastegate in der Beschleunigungsphase und einer vollen Unterstützung durch den Elektromotor einen Wirkungsgrad-effizienten Modus ab. Die zweite Strategie stellt für alle drei Parameter zwei Intermediate-Lösungen bereit. Die dritte Strategie operiert im minimalen Emissions-Modus, bei einem späten Zündzeitpunkt, einer geöffneten wastegate Position und einer geringen elektrischen Unterstützung, um hierdurch die Abgasanlage rasch warm zu fahren. Die vierte läuft im Rekuperationsmodus, der zum Laden der Batterie in Brems- und Leerlaufphasen (Segelbetrieb) einsetzt. Während der transienten Rechnung wird das Integral über die Summe aus effektivem Motor-Wirkungsgrad und des Katalysator-Wirkungsgrads berechnet.*

$$\eta_{ges} = \int_{t_0}^{t} \frac{1}{2} \left( \eta_{eff} + \eta_{cat} \right) \tag{5.3}$$

*Der effektive Wirkungsgrad des Verbrennungsmotors wird über die effektive Leistung $P_{eff}$, den Kraftstoffmassenstrom $\dot{m}_B$ und dem unteren Kraftstoffheizwert $H_u$ ermittelt:*

$$\eta_{eff} = \frac{P_{eff}}{(\dot{m}_B H_u)} \tag{5.4}$$

*Und die Umsatzrate des Katalysators aus Konzentrationen der Abgasspezies am Eingang $K_{i,in}$ und am Ausgang $K_{i,out}$:*

$$\eta_{cat} = \frac{\sum_{i=1} K_{i,out}}{\sum_{i=1} K_{i,in}} \tag{5.5}$$

*Nach der Methode der heuristischen Abwärtsstrategie, werden in Abb. 5.10 zu diskreten Abtastraten alle vier Applikationsstrategien exerziert. Nach jedem neuen Suchbaum wird die Variante mit dem größten kumulierten Wirkungsgrad $\eta_{Ges}$ gewählt,*

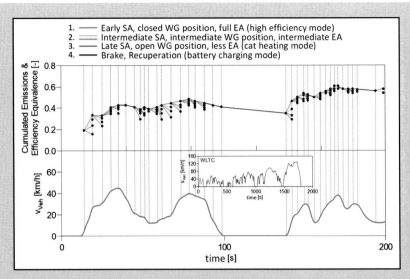

**Abb. 5.10** Transiente Anwendung des Suchbaums: Optimierung einer Hybrid Betriebsstrategie im WLTC

*von wo aus der nächste Suchbaum erfolgt. Mit dieser Strategie lässt sich mit einer geringen Rechenlast durch den kompletten Suchpfad entlang die Strategie mit der höchsten Wirkungsweise aufschlüsseln, die den besten Kompromiss zwischen motorischem Wirkungsgrad und gleichzeitig schnellem Warmlauf der Abgasanlage zur Reduktion der Emissionen präsentiert.[2]*

## 5.4   Machine Learning

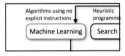

Machine Learning ist ein Teilbereich der künstlichen Intelligenz. Anders als durch explizite Programmierung zielt es darauf ab, Systeme in die Lage zu versetzen, Gesetzmäßigkeiten

---

[2] Die Abtastrate kann feiner gewählt werden sowie auch für die Applikationsstrategien vielfältigere Parameter gewählt werden können, um eine detailliertere Aufschlüsselung und Bewertung der Applikation zu gewährleisten, als sie hier exemplarisch dargestellt wird.

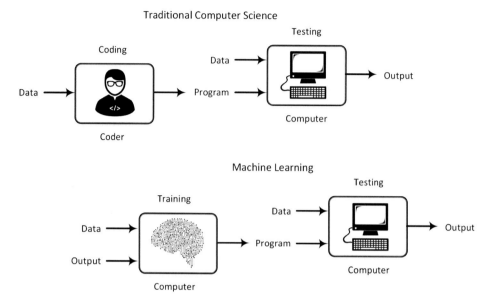

**Abb. 5.11** Traditional programming vs. Machine learning

datenbasiert zu erlernen. Der Schwerpunkt liegt hierbei auf dem selbstständigen Lernen aus großen Datenmengen und des automatisierten Erstellens eines Programmcodes. Um Machine Learning anzuwenden bedarf es große Mengen an Daten. Insofern stellt die Ära der Digitalisierung mit der daraus hervorgehenden Speicherfähigkeit und Verfügbarkeit über enorme Datenmengen (Big-Data) die eigentliche treibende Kraft hinter der Entwicklung von Machine Learning dar (Abb. 5.11).

Unter Machine Learning fallen viele Algorithmentypen und Trainingsmethoden, die alle darauf abzielen, statistische Modelle zu generieren, die auf Basis ihrer Trainingsdaten (Erfahrungsdaten) in der Lage sind, unbekannte Datensätze zu analysieren und Vorhersagen zu treffen. Grundsätzlich lässt sich Machine Learning in die drei wesentliche Lernkategorien **Supervised Learning, Unsupervised Learning** und **Reinforcement Learning** einteilen (Abb. 5.12). [43]

Erst durch die Zusammenführung von Machine Learning Algorithmen und der Systemarchitektur von neuronalen Netzwerken (Siehe Abschn. 5.5) verbinden sich beide Komponenten zu einem leistungsstarken Gesamtsystem, das heute unter dem Begriff der künstlichen Intelligenz verstanden wird.

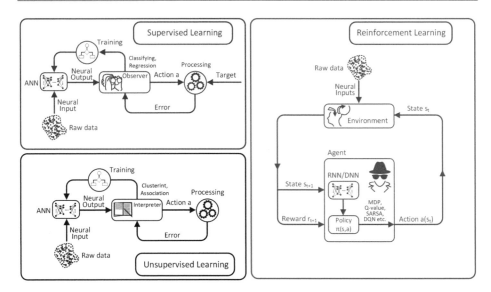

**Abb. 5.12** Lernmethoden für das Machine Learning

## 5.4.1  Supervised Learning

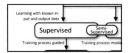

Überwachtes Lernen oder auch Supervised Learning gehört zu eine der Maschine Learning Methoden, die vom Anwender in der Trainingsphase eine hohe Interaktion erfordert. Für das Verfahren müssen sowohl Eingangsdaten als auch Ausgangsdaten in Form von Zielgrößen bekannt sein. Das Lernen beginnt, wie üblich, mit einem Satz an Trainingsdaten, ausgewählt aus einer größeren Datenmenge. Ein Teil der Daten wird der Trainingsphase vorenthalten, damit sie für eine spätere Validierungsphase hinzugezogen werden kann. Die Lernmethode versucht innerhalb der Daten Muster zwischen Eingangsgrößen und Zielgrößen zu erkennen, um diese in einen analytischen Zusammenhang zu überführen. Dies kann auf Basis unterschiedlicher Funktionen geschehen sowie durch polynomiale Annäherung, Gaußprozesse, oder ähnliche Verfahren, die im Bereich der Antriebsentwicklung typischerweise verwendet werden. Diese Methoden haben sich vor allem bewährt, wenn Datengenerierungen in Echtzeit erwünscht sind. Neuronale Netzwerke bilden eine völlig neue Grundlage einer Modellarchitektur, mithilfe derer sich Anwendungswege mit exponentiell höherer Leistungsfähigkeit und Prozessgeschwindigkeit gestalten lassen.

**Abb. 5.13** Klassifikation und
Regression von Daten für das
Supervised Learning Verfahren

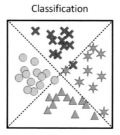

Classification

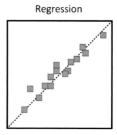

Regression

## Classification & Regression

Um die Bedeutung eingespeister Daten zu analysieren, werden ihnen zunächst Eigenschaften zugewiesen. Sind Daten diskret und kategorisierbar, so bietet sich im Sinne der Supervised Learning Methode eine sogenannte **Klassifikation** an. Sind Daten hingegen numerischer und kontinuierlicher Natur, kann der Lösungsansatz über eine **Regression** erfolgen. Abb. 5.13 verdeutlicht graphisch beide Anwendungstypen des Supervised Learning.

## Observer

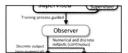

Im Vordergrund von Maschine Learning steht die Lernfähigkeit und die Art und Weise des Lernens. Die Aufgabe eines lernenden Systems liegt darin, Strategien zu entwickeln, um das Verhalten während der Trainingsphase zu optimieren. Im Rahmen des Supervised Learning Verfahrens wird hierfür ein sogenannter Beobachter (observer) eingesetzt. Diesem wird die Aufgabe zugesprochen, stetes den Fehler zwischen der Ausgabe eines Modells (output) und einer Zielvorstellung (target) zu überwachen. Eine einfache Form des strategischen Lernens liegt darin, einen Fehler zwischen Soll- und Ist-Wert zu minimieren. Abb. 5.14 stellt hierzu schematisch dar, wie die Logik eines solchen SL-Verfahrens im Zusammenhang mit einem künstlichen neuronalen Netzwerk (ANN) aufgebaut sein kann.

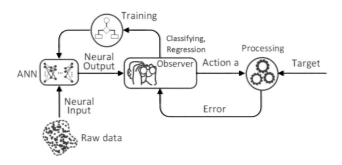

**Abb. 5.14** Observer für das Supervised Learning Verfahren

Oftmals ist es erwünscht, Teile eines Berechnungsprozesses in neuronale Netzwerke zu verankern, andere hingegen auf physikalischer Ebene beizubehalten. Diese hybride Vorgehensweise kann vor allem unter Verwendung des Supervised Learning Verfahren exerziert werden. Die Interaktion beider Systeme erweist sich als sehr leistungsstark, vor allem unter dem Aspekt, dass eine physikalische Abbildungsebene transparent und nachvollziehbar ist, während die ANN-Ebene mathematischen Prinzipien folgt und deren Entscheidungsfindung grundlegend nicht erklärbar ist (Abb. 5.15).

Derzeit ist das Supervised Learning Verfahren weit verbreitet und findet ihren Einsatz für Anwendungen im Wirtschaftssektor, in der Betrugserkennung, in der Risikoanalyse für Banken- und Finanzsektoren, in Produkt- und Jobempfehlungs-Annoncen, im Internet-Commerce, in der Spamerkennung, Spracherkennung und vieles mehr.

Für mögliche Anwendungen in der Antriebsentwicklung werden folgende Beispiele vorgestellt, die mit dem Supervised Learning Verfahren umsetzbar sind.

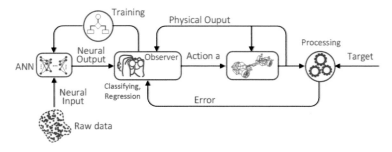

**Abb. 5.15** Observer kombiniert mit einem physikalischen Modell

**Beispiel 3: Motorströmung, Verbrennung (Klassifikation)**

*Eine Anwendung aus der Strömungsdynamik liegt in der Ermittlung von Charaktereigenschaften von Strömungen. Basierend auf physikalischen Bewertungsgrößen lässt sich diese entweder als laminar oder turbulent oder in mögliche Subkategorien klassifizieren. Dies ist beispielsweise relevant, um a) im Luftpfad eines Motors Wärmedurchgangsgrößen zu berechnen, um darüber Rückschlüsse auf Wärmeverluste und generell auf ein thermisches Verhalten zu treffen oder um b) für eine Strömung den Übergang von laminar zu turbulent zu bestimmen. Die kritische Reynolds-Zahl, die den Übergang zwischen laminarer und turbulenter Strömung markiert, ist nicht nur abhängig von der Geometrie des Anwendungsfalles (Rohrinnenströmung, Rohraußenströmung, Plattenströmung etc.), sondern auch von der Wahl der charakteristischen Länge. Das Entscheidungsmerkmal über laminar oder turbulent oder über Subkategorien ($0 <$ Reynoldzahl $< 200$, $201 <$ Reynold $< 400$, ...) wird hier von Schwellenwerten in Klassen abgegrenzt und eignet sich daher für eine Klassifikation aus der Kategorie Supervised Learning (Abb. 5.16).*

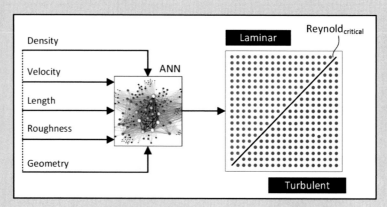

**Abb. 5.16** Klassifikation von thermokinetischen Daten (Reynoldzahl)

**Beispiel 4: Thermokinetik (Regression)**

*Ein großer Teil aller Simulationsaufgaben in der Antriebsentwicklung beschäftigt sich mit Regressionsproblemen. Vor allem bei der Kalibrierung von Modellen geht es zunächst häufig darum, Realdaten durch Modelle mit einer hohen Vorhersagequalität abzubilden. Folgend wird eine klassische Anwendung vorgestellt, wie der Verbrennungsmotor als Kombination mehrerer Submodelle in der Steuergeräteapplikation eingesetzt wird. Der Motor in Abb. 5.17 besteht aus den Submodellen „Kraftstoff", „Luftpfad", „Drehmoment" und „Emission". Da auf eine Kurbelwinkel aufgelöste Berechnung der Größen verzichtet wird, sind als Folge die Ergebnisse schneller als in Echtzeit realisierbar.*

*Abb. 5.18 stellt das Ergebnis einer Regressionsanalyse für das Drehmomentmodul (Torque) basierend auf 600 Datenpunkten vor. Das Drehmoment ist in Abhängigkeit der Eingangsparameter Drehzahl ($n_{Engine}$), Zündzeitpunkt (spark timing), Luftzahl ($\lambda$), Saugrohrdruck ($p_{boost}$), Luftaufwand (Vol. Eff) und Abgasrückführrate (EGR) dargestellt.*

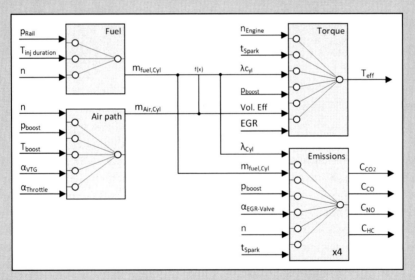

**Abb. 5.17** Motormodell nach Vorbild von Steuergerätemodellen [44]

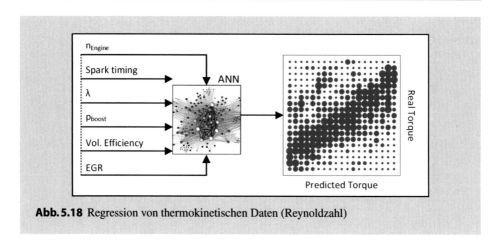

**Abb. 5.18** Regression von thermokinetischen Daten (Reynoldzahl)

## 5.4.2   Unsupervised Learning

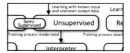

Nicht-überwachtes Lernen oder Unsupervised Learning ist ein leistungsstarkes Verfahren, das geeignet ist, wenn eine zu untersuchende Datenmenge erheblich groß und vor allem nicht eindeutig gekennzeichnet ist. Sie kann prinzipiell aus diskreten und zugleich aus kontinuierlichen Einträgen zusammengesetzt sein. Das Lernverfahren ist sinnvoll, wenn dem Anwender der Zusammenhang von Daten fehlt, diese unter erheblichem Aufwand zu kennzeichnen sind oder sie keine Ausgangsgrößen enthalten. Im Gegensatz zum Supervised Learning Verfahren liegt der Fokus nicht in der Bildung einer Korrelation zwischen Ein- und Ausgangsdaten, sondern in einer Charakterisierung von Merkmalen innerhalb der Daten. Die Stärke des Lernverfahrens beruht auf der Entschlüsselung versteckter Muster. Die Art der Entschlüsselung wird unterteilt in zwei Kategorien: Das „Clustering" und das „Association".

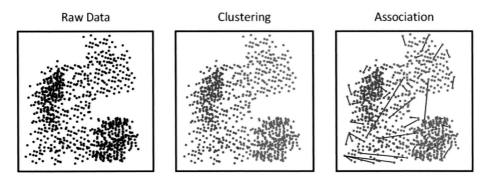

Raw Data                    Clustering                    Association

**Abb. 5.19** Clustering und Association von Daten für das Unsupervised Learning Verfahren

**Clustering & Association**

Hinter dem Clustering steht, wie das Wort vermittelt, die Gruppierung von Objekten, die in ihren Merkmalen Ähnlichkeiten vorweisen. Das sogenannte Associative Rule Learning geht eine Ebene tiefer und lokalisiert Zusammenhänge zwischen vorhandenen Parametern innerhalb der Datenbasis. Unsupervised Learning führt einen iterativen und autonomen Analyseprozess durch, ohne den Eingriff des Anwenders. Abb. 5.19 veranschaulicht die Prozesse des Clustering und Association.

**Interpreter**

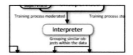

Für das Unsupervised Learning Verfahren wird im Allgemeinen ein Interpreter eingesetzt, der die Prozesse Clustering und Association verarbeitet. Die folgende Graphik illustriert, wie die Trainingsschleife für ein solches Verfahren verschaltet wird (Abb. 5.20).

Idealerweise kann ein Unsupervised Learning Prozess auch als Vorstufe genutzt werden, um unbekannte und nicht-klassifizierte Daten zu kennzeichnen und sie dann an einem Supervised Learning Algorithmus weiterzureichen (Semi-Supervised Learning). Typische Anwendungsfälle für das Unsupervised Learning finden sich in der Analyse und Segmentierung von Kunden-, Markt-, und Produktverhalten zur Optimierung eines Marktgeschehens. In der Gesundheitsmedizin werden mit Hilfe von stetig wachsender Menge an Patienten-

**Abb. 5.20** Interpreter für das Unsupervised Learning Verfahren

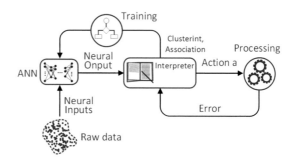

daten Krankheitsbefunde mit individuellen Beschwerden und Symptomen in Korrelation gesetzt, sodass hieraus lernende und zuverlässigere Modelle entstehen, mit denen frühzeitig Krankheiten erkannt und rechtzeitig therapiert werden können.

**Beispiel 5: Pre-Processing von Messdaten/Realdaten (Clustering)**

*Das Handling großer Datenmengen ist eines der Kernthemen, die in vielen Phasen einer Antriebsentwicklung Ingenieure vor große Herausforderungen stellen. Wie rückblickend in Abb. 4.13 dargestellt, besteht ein modellbasierter Entwicklungsprozess aus wiederkehrenden Schleifen, in denen Messdaten analysiert und nachbearbeitet werden müssen. Der Prozess, brauchbare von nicht brauchbaren Daten auszuselektieren, kann sehr zeitintensiv sein und unterliegt oftmals subjektiven Entscheidungskriterien des Anwenders. Die Clustering Methode des Unsupervised Learning Verfahren erweist sich für solche Anwendungsfälle als äußerst leistungsstark. Es ist in der Lage nicht gekennzeichnete Daten zu gruppieren und Messausreißer durch einen standardisierten Prozess zuverlässig herauszuarbeiten.*

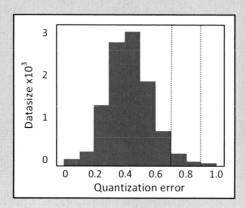

**Abb. 5.21** Normalverteilung von Messausreißern (Quantization Error) eines Datensatzes

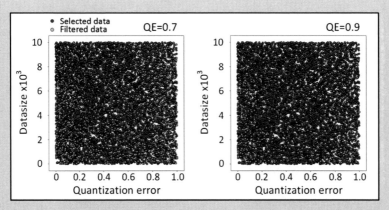

**Abb. 5.22** Datenselektion für zwei unterschiedliche Quanization Error Schwellwerte

*Im ersten Schritt kann hierzu nach Einspeisen von Messdaten (hier am Beispiel von 10.000 Datenpunkten und jeweils 10 Größen) eine Datenanalyse vorgenommen werden. Der Quantisierungsfehler (Quantization error QE) mit dem Wertebereich [0,1] beschreibt den Fehler zwischen einem Dateneingang und dem Wert, den ein Neuron nach dem Training als Ergebnis ausgibt. Entsprechend des Fehlers werden die Daten zunächst entlang einer Normalverteilung aufgeschlüsselt. Anhand eines Schwellwerts (Threshold) definiert der Anwender, mit welcher Aggressivität die Datenselektion ausgeführt werden soll. Ist ein Threshold mit dem Wert x definiert, so wird der entsprechende Anteil von (1 − x) Daten aus dem Datensatz aussortiert (Abb. 5.21).*

*Am Beispiel von zwei gewählten Schwellwerten (QE=0,7 und QE=0,9) wird das Ergebnis der Datenselektion ausgegeben (Abb. 5.22).*

**Beispiel 6: Interpretation von Parameterstudien – Wirkungsgrad Brennstoffzelle (Clustering)**

*Im Fokus einer Datenanalyse steht immer die Ermittlung von Einflussfaktoren gezielter Eingangsgrößen auf eine oder mehrere Zielgrößen. Sind es viele Eingangsgrößen, die eine nichtlineare Korrelation zu einer Zielgröße vorweisen und zeigen diese untereinander zusätzliche Quereffekte vor, so handelt es sich um ein hoch komplexes System, das sich ohne Hinzunahme zusätzlicher Überwachungsalgorithmen nicht leicht interpretieren lässt. Das Unsupervised Learning kann für solche Fälle eine enorme Abhilfe leisten. Es ist in der Lage Datenmerkmale unterschiedlicher Art und vor allem deren Kombinationen untereinander auf Zielgrößen zu projizieren. Wird ein solches Modell*

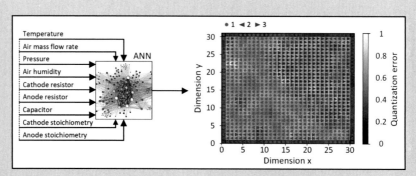

**Abb. 5.23** Brennstoffzelle: Gruppierung von Wirkungsgradklassen

*zu einem bestimmten Sachverhalt entworfen, kann es zukünftig unter Eingabe neuer Datensätze schnelle und zuverlässige Aussagen hinsichtlich der Datenmerkmale liefern.*

*Am Beispiel einer Brennstoffzelle wird auf Basis einer Messreihe von 50.000 Datensätzen eine Parameterstudie durchgeführt. Hierbei werden 9 Parameter, die Wirkungsgrad bestimmend sind, mit einer latin hypercube DOE Methode (siehe Abb. 4.27) kombiniert. Hierzu zählen 1. Temperatur, 2. Luftmassenstrom, 3. Luftdruck, 4. Luftfeuchte, 5. Kathodenwiderstand, 6. Anodenwiderstand, 7. Kondensatorkapazität, 8. Kathodenstöchiometrie, 9. Anodenstöchiometrie. Über das Competitive Learning Verfahren (siehe dazu Abschn. 5.5.3) wird eine self organizing map (SOM) antrainiert. Als Lösung kategorisiert diese Karte alle möglichen Kombinationen von Eingängen in drei Wirkungsgradklassen high efficiency (1), intermediate efficiency (2) und low efficiency (3) (Abb. 5.23).*

**Beispiel 7: Materialbelastung Analyseverfahren (Clustering)**
*Eine weitere mögliche Anwendung eines Clustering bietet sich für Fehleranalysen aus dem Bereich der Materialwissenschaften an. Unter der Eingabe einer Belastungsart eines Bauteils (statisch oder dynamisch), der Belastungszeit bis zum Materialversagen (Bruch oder Deformation) und des Bruchtyps (verformungslos, verformungsarm, verformungsreich) oder des Deformationstyps (plastisch oder elastisch) lässt sich die Charakteristik von Materialien in eine Datenmatrix übertragen. Das Clustering ermöglicht ein Analyseverfahren einzuführen, welches erlaubt, Bauteilversagen näher zu untersuchen. Beispielsweise kann ein solches Modell bei einem Screening*

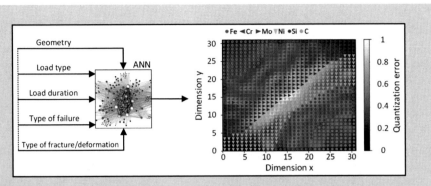

**Abb. 5.24** Clustering zur Untersuchung eines Stahls mit Nickel-Chrom-Molybdän Legierung nach Materialversagen

*eines beschädigten Bauteils Aufschluss darüber geben, um welchen Werkstoff mit welchen konkreten Legierungs-Komponenten (hier Fe, Cr, Mo, Ni, Si, C) es sich bei dem betrachteten Bauteil handelt* (Abb. 5.24).

### 5.4.3 Reinforcement Learning

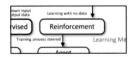

Reinforcement Learning (RL) ist neben dem Supervised und dem Unsupervised Learning Verfahren ein weiteres Lernverfahren und zeichnet sich speziell aus durch seine hohe Leistungsstärke und selbstlernenden Eigenschaften. RL verwendet als Hauptmerkmal einen sogenannten „Agenten", der aktiv mit seiner Umgebung (Environment) interagiert, die eine Menge von Zuständen (States) besitzt, selbstständig nach Strategien (Policies) sucht und dabei Aktionen (Action) ausführt, um die Genauigkeit eines Modells zu maximieren und infolge dessen durch Leistungsbelohnungen (Rewards) honoriert zu werden. Während das Supervised Learning- und Unsupervised Learning Verfahren in der Trainingsphase auf vorhandene Realdaten stützen, agiert das RL hoch dynamisch und passt sich auf stetig veränderbare Dateneingänge an. Dies erfolgt durch die Interaktion des Agenten mit seiner Umgebung, wodurch eine kontinuierliche Strategieanpassung und Effizienzsteigerung erfolgt. Aufgrund der selbstlernenden Eigenschaften benötigt das System wenige bis keine Realdaten und kann dennoch belastbare Ergebnisse erzielen.

Ist von künstlicher Intelligenz die Rede, haben Anwender oftmals die Vorstellung, dass ein kluger Algorithmus in der Lage ist, schneller und effizienter die gleiche Lösung zu erreichen, die der Mensch bereits erzielt. Hat der Anwender eine klare Vorstellung davon, wie ein Ergebnis aussehen soll, so führt dies zu einer starken Einschränkung des Lernens. Der Anspruch an die KI läge dann darin, geeignete Wege zu finden, um die gleiche Lösung zu replizieren. Gibt es hingegen in einem Sachverhalt keine konkreten Erwartungsgrößen, die mittels Eingangsgrößen korrelieren sollen, so ergibt sich für den Algorithmus ein zusätzlicher Freiheitsgrad, mit der Lösungen erforscht werden können, die über das menschliche Vorstellungsmaß hinausragen, und die so der Anwender nicht erwartet. Für diese Art von Fällen bietet sich speziell das Reinforcement Learning an.

**Agent**

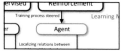

Während der Datenanalyse erhält der Algorithmus von einem Agenten, der hier die Funktion eines Lehrers einnimmt, ein Feedback nach jeder Iterationsschleife. Anders als bei den Supervised oder Unsupervised Learning Methoden, lernt der Algorithmus nicht allein über die Datenanalyse, sondern über eine zusätzliche Trial-and-Error-Methode, wodurch eine Abbildfunktion zum Vorhersagen eines Ergebnisses nach und nach verstärkt (reinforced) wird. Dies hat den Vorteil, dass eine Lösung zu einem Problem über eine geringere Anzahl an Iterationsschleifen gefunden werden kann (Abb. 5.25).

**Abb. 5.25** Agent für das Reinforcement Learning Verfahren

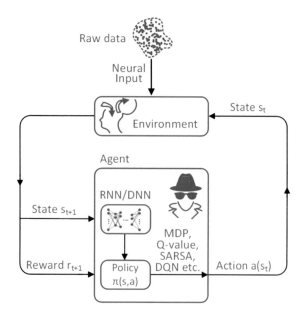

**Beispiel 8: Adaptiver Fahrregler**

*Seit dem 1. September 2019 gilt der real driving emission (RDE) -Zyklus als Zertifizierungsgrundlage für alle Neufahrzeuge. Zusammen mit dem worldwide harmonized light vehicles test procedure (WLTP) soll dies zu realistischeren Verbrauchs- und Emissionswerten führen. Anders als bisherige Zertifizierungszyklen wird der RDE keine durchschnittliche Realfahrt abbilden. Sowohl der Streckenverlauf als auch die Zuladung und der Fahrstil stellen individuelle Parameter dar. Somit sind Strecke, Geschwindigkeit sowie Höhenprofil nicht fest vorgegeben und können von einem Prüfer individuell vorgenommen werden.*

*Regler mit statischen Regelparametern adaptiv zu gestalten, sodass diese für transiente Anwendungsfälle stets entsprechend des Betriebszustandes dynamisch angepasst werden können, ist eines von vielen Feldern, wofür sich das Reinforcement Learning eignet. Gerade vor dem Hintergrund variabler Zyklenprofile, bietet sich eine adaptive Regelung sowohl für die modellbasierte, als auch für die testbasierte Entwicklung von Antrieben am Rollenprüfstand besonders gut an. Hierdurch können unterschiedlichste Profile ohne eine aufwändige und stetig wiederkehrende Kalibrierung der Regelparameter gefahren werden. Für eine schnelle und zuverlässige Ermittlung entsprechender Verbräuche und Emissionen kann hierdurch ein großer zeitlicher Vorteil herbeirufen werden (Abb. 5.26).*

*Im folgenden Bild ist zunächst ein vereinfachtes Schema eines virtuellen, statischen Fahrreglers abgebildet. In einem ersten Schritt wird eine gewünschte Fahrgeschwin-*

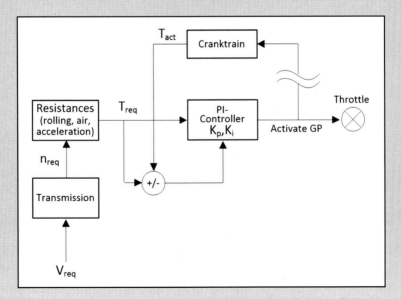

**Abb. 5.26** Statischer Regelkreis zur Steuerung der Fahrgeschwindigkeit im Fahrzyklus

*digkeit $v_{req}$, unter Berücksichtigung vorhandener Übersetzungen und vorhandener Fahrwiderstände[3] des entsprechenden Fahrzeugs, in ein gewünschtes Drehmoment $T_{req}$ übertragen. Mit den im Vorfeld kalibrierten Regelparametern eines PI-Reglers (proportionaler Anteil $K_p$ und integraler Anteil $K_i$) steuert der Fahrregler das Gaspedal an, mit dem Ziel, die Differenz zwischen ($T_{req} - T_{act}$) zu minimieren.*

*Da die Regelparameter konstant gewählt sind, muss davon ausgegangen werden, dass selbst bei einer guten Kalibrierung im Vorfeld, diese nur im Lastbereich der Kalibrierung gut funktionieren. Der unterschiedlichen Betriebszustände (Drehzahl und Last) als auch der generellen Veränderlichkeit des RDE-Profils im Prüfbetrieb geschuldet, können nicht alle Bereiche zufriedenstellend abgedeckt werden. Will man das Reinforcement Verfahren zielführend einsetzen, das selbstlernend dem Fahrregler zu jedem Betriebszustand einen optimalen Parametersatz übergibt, so ist es zunächst wichtig, die Funktionen Agent, Policy, State, Reward und Environment im Regelkreis zu definieren und zu implementieren (Abb. 5.27).*

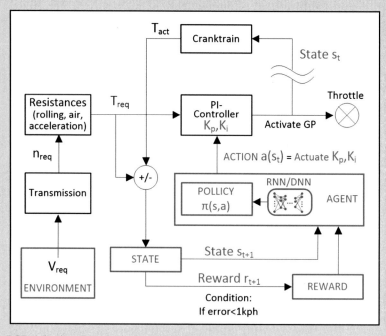

**Abb. 5.27** Adaptiver Regelkreis durch Reinforcement Learning

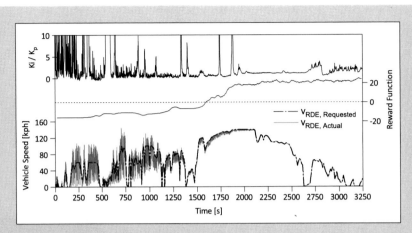

**Abb. 5.28**  Adaptive RDE-Geschwindigkeitsregelung

*In Abb. 5.28 ist das Ergebnis des obigen Regelkreises dargestellt. Die RL-Methode benötigt eine gewisse Trainingszeit, bis es das Regelsystem erlernt. Von dort an ist es in der Lage, die vorgegebene Fahrgeschwindigkeit des RDE-Profils nach und nach mit einer geringen Abweichung (error ≤ 1 km/h) einzustellen. Als Ergebnis ist das Verhältnis zwischen den Regelparametern $K_i / K_p$ dargestellt. Hierfür wurde ein einfaches neuronales Netzwerk herangezogen. Eine steigende Reward Funktion beschreibt den selbstlernenden Trainingseffekt.*

**Beispiel 9: Fahrzeugchassis**
*Ein kleines Unternehmen namens Hackrod mit Sitz in Kalifornien ist spezialisiert auf fortschrittliche Fahrwerk-Anfertigungen für Sportfahrzeuge. Der Fokus ihrer Arbeit liegt in der Loslösung eingeschränkter Design-Vorstellungen des menschlichen Verstandes und in der Erarbeitung kreativer Konzepte, die auf Basis digitaler Trainingsdaten und Machine-Learning Algorithmen errechnet werden.*

---

[3] Der Fahrwiderstand wird üblicherweise unterteilt in einen Rollwiderstand, einen Luftwiderstand, den rotatorischen Beschleunigungswiderstand aller rotierender Teile im Antrieb und dem translatorischen Beschleunigungswiderstand der Gesamtfahrzeugmasse.

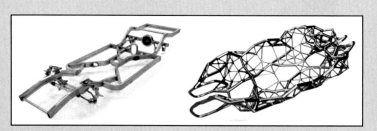

**Abb. 5.29** Reinforcement Learning angewendet am Chassis-Design

*Dem Unternehmen gelang es mithilfe des RL-Verfahrens ein Fahrwerk zu entwer-fen, dass deutlich stabiler ist als ein Standard Fahrwerk, zu 30 % leichter und dadurch kosteneffizienter. Die in Abb. 5.29 dargestellte Netzstruktur ist asymmetrisch, was damit begründet wird, dass der Massenschwerpunkt eines Rennfahrzeugs inklusive Fahrer Prinzip bedingt nicht auf der Symmetrieachse liegen muss. Der Algorithmus berücksichtigt dies und baut stärker belastete Regionen mit entsprechend dichterem Netz als geringer belastete.*

## 5.5    Artificial Neural Network (ANN)

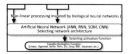

Die elementaren Verarbeitungseinheiten eines Gehirns bestehen aus Neuronen. Dies sind Zellen, die untereinander durch elektrochemische Impulse Signale miteinander austauschen und sich dadurch gegenseitig anregen. Das Gehirn sorgt für die Aufnahme, Verarbeitung und Beantwortung von Reizen, die über Sinnesorgane aufgenommen und über Signale weitergeleitet werden. Die Signale bezeichnet man als Rezeptoren. Sie registrieren jegliche Form von Informationen sowie Licht, Temperatur, Töne, Gedanken, Geschmäcker, Gerüche etc. und geben diese über Nervenbahnen an das Gehirn. Auf einem Quadratmillimeter der menschlichen Hirnrinde befinden sich in etwa 100.000 Neuronen. Ein Neuron besitzt durchschnittlich 10.000 Verbindungen zu Nachbarneuronen, sodass ein Gehirn im Gesamten bis zu $10^{14}$ Verbindungen besitzen kann. Die Gemeinsamkeit aller Neuronen bildet ein biologisches neuronales Netz (biological neural network BNN). [45]

Die Verarbeitung und Gewinnung von Informationen in Computersystemen erfolgt anders als in einem menschlichen Gehirn. Im Jahr 1945 wurden die wesentlichen Arbeiten des Mathematikers John von Neumann veröffentlicht, der die grundlegende Arbeitsweise der bis heute verwendeten Computer-Architektur bildete. Die sogenannte Von-Neumann-

**Abb. 5.30** Arbeitsweise
heutiger Computer-
Architekturen nach Neumann
[46]

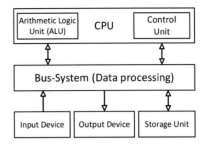

Architektur bildet die Einzelkomponenten ab, auf denen das Mainboard von Computern aufbaut (Abb. 5.30).

Während die Berechnungsgrundlage in Computern seriell geordnet ist, was zu einer geringeren Datenverarbeitungsgeschwindigkeit führt, werden Prozesse in unserem Gehirn parallel verarbeitet. Vor allem die assoziative Arbeitsweise des Gehirns erlaubt bei der Lösung von Problemstellungen kreative und themen-übergreifende Ansätze zu finden, was bei einem Computer durch seinen adressbasierten und eindimensionalen Lösungsansatz bedingt möglich ist (Tab. 5.2).

Hierdurch ergeben sich viele Problemgattungen, die nicht oder nur unter einem hohen Aufwand in eine algorithmische Form überführt werden können, damit ein Computer sie löst. Anders als Menschen erleben Computer keinen Lernprozess und sind bei wiederkehrenden Problemstellungen nicht adaptiv.

In Anlehnung an menschliche Denkprozesse kann ein neuronales Netz der Hirnrinde in ein Modell überführt werden, sodass sie durch einen mathematischen Formalismus greifbar wird. Zellfortsätze von Nervenzellen (auch Dendriten genannt) gehen aus einem Zellkörper hervor, die zur Reizaufnahme dienen und diese an Neuronen weitertragen. Bevor sie das Neuron erreichen, werden sie durch vorgelagerte Synapsen gehemmt oder verstärkt.

**Tab. 5.2** Datenprozessverarbeitung Gehirn vs. Computer [47]

|  | Brain | Computer |
|---|---|---|
| Number of data processing units | $\sim 10^{11}$ | $\sim 10^{9}$ |
| Type of processing | Neurons | Transistors |
| Calculation configuration | Parallel | Serial |
| Data storage | Associative | Address based |
| Switching time | $10^{-3}s$ | $10^{-9}s$ |
| Number of possible toggle operations | $10^{13}\frac{1}{s}$ | $10^{18}\frac{1}{s}$ |
| Actual toggle operations | $10^{12}\frac{1}{s}$ | $10^{10}\frac{1}{s}$ |

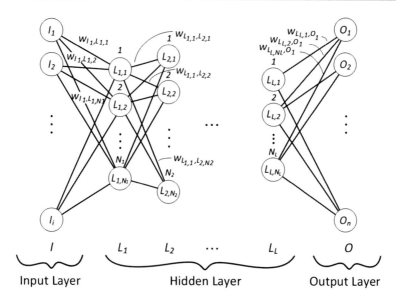

**Abb. 5.31** Komponenten eines neuronalen Netzwerks

Die Stärke der Synapsen kann durch sogenannte Gewichte $w_{i,j}$ beschrieben werden, das beliebige, positive Werte $[0, \infty]$ annehmen kann. Ein neuronales Netz besteht grundsätzlich aus drei Ebenen, dem Input-Layer, dem Hidden-Layer und dem Output-Layer. Zwischen den Eingabewerten $I_1, I_2, \ldots, I_i$ und den Ausgabewerten $O_1, O_2, \ldots, O_o$ können Hidden-Layer beliebig komplexe Dimensionen $L_1, L_2, \ldots, L_L$ annehmen, die wiederum beliebig viele Neuronen-Ebenen $N_{1,1}, N_{1,2}, \ldots, N_{1,N}$ besitzen können. Die Gewichte liegen auf der Verbindungsstrecke zwischen zwei Neuronen, die durch $w_{i,j}$ verstärkt oder abgeschwächt wird (Abb. 5.31).

Ein Neuron ist ein Prozessor, der einen binären Zustand annehmen kann. Entweder ist der Zustand deaktiv oder aktiviert $I_{j,k} \in [0, 1]$. Das Produkt der Eingänge $I_{j,k}$ mit ihren jeweiligen Gewichten $w_{i,j}$ formt ein Ergebnis, dass am Schwellenwert $\Theta$ (Bias) gemessen wird. Ein Neuron wird dann aktiviert, wenn gilt:

$$\sum I_{j,k} \cdot w_{j,k} > \Theta_k \tag{5.6}$$

Schließlich wird eine Vernetzungsfunktion $s_k$ eingeführt, die sich als Produkt der Eingangswerte $I_{j,k}$ und der Gewichte $w_{j,k}$ zuzüglich des BIAS Wertes ergibt.

$$s_k = \sum I_{j,k} \cdot w_{j,k} + \Theta_k \tag{5.7}$$

### 5.5.1 Aktivierungsfunktion

Aktivierungsfunktionen sind Übertragungsfunktionen, die zur Berechnungsgrundlage der Gewichte herangezogen werden. Sie dienen dazu nichtlineare funktionale Zusammenhänge zwischen Ein- und Ausgangssignalen von Neuronen zu gestalten. Eine Aktivierungsfunktion wird mit $F$ bezeichnet. Nachdem ein Signal $s_k$ an eine Funktion $F$ übergeben wurde, stellt $z_k$ das Ergebnis der Übertragung dar.

$$z_k = F(s_k) \tag{5.8}$$

Die Wahl einer geeigneten Aktivierungsfunktion für ein neuronales Netzwerk kann die Qualität des Modells stark beeinflussen. Die richtige Wahl ist subjektiv und hängt davon ab, was für Daten verwendet werden und welche Eigenschaften diese besitzen. Zu den prominentesten Funktionen zählen Hard-Limit, Relu, Sigmoid und Tanh. Soll beispielsweise ein Ausgabewert in einer binären Form erzeugt werden, so eignet sich das Hard-Limit. Nimmt der rechte Term aus Gl. 5.7 einen positiven Wert an, so ergibt sich für $s_k$ der Wert 1, andernfalls gilt $s_k = 0$. [48]

Durch die sprunghafte Funktion bei $x = 0$ wird allerdings das System nicht-differenzierbar. Hierdurch können sich je nach Anwendungsfall Systemschwingungen einstellen. Ist eine Differenzierbarkeit der Übertragungsfunktion erwünscht, so kann eine Rampenfunktion Relu (rectified linear unit), eine Sigmoid Funktion oder eine Tanh Funktion (Tangens Hyperbolicus) herangezogen werden. Weiterhin gibt es abgewandte Aktivierungsfunktionen sowie Leaky Relu, Elu (exponential linear unit) oder Selu (scaled variant of Elu), die in spezielleren Anwendungsproblemen individuelle Vorteile mit sich bringen können (Abb. 5.32).

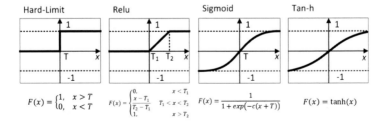

**Abb. 5.32** Aktivierungsfunktionen

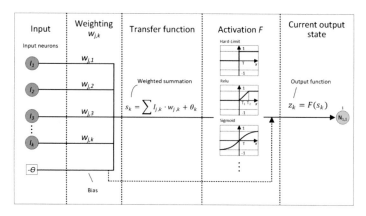

**Abb. 5.33** Schematische Darstellung von internen Verarbeitungsprozessen zwischen zwei verbundenen Neuronen [48]

Die Architektur eines neuronalen Netzwerks setzt sich zusammen aus vielen parallel laufenden Rechenprozessen. Jede Einheit im Netzwerk übt einen kleinen Teil des Gesamtprozesses aus. Es erhält Eingänge von benachbarten Einheiten oder externen Quellen, berechnet einen neuen Ausgabewert und leitet diesen weiter an andere benachbarte Einheiten. Eine Übersicht aller internen Prozesse zwischen einem Satz an Eingängen und einem Neuron ist im Folgenden Abb. 5.33 zu entnehmen.

### 5.5.2  Feed-Forward Netzwerke (ANN) und Recurrent Netzwerke (RNN)

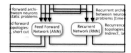

Nachdem in Abschn. 5.5 der Aufbau und die Funktionsweise eines Neuronalen Netzwerks vorgestellt wurde, befasst sich dieses Kapitel mit möglichen Netz-Topologien. Unter Topologie wird die Vielfalt von möglichen Verschaltungsmustern (Verbindungen) zwischen den einzelnen Neuronen verstanden. Ein zunächst grundlegender Unterschied wird zwischen einem **Feed Forward Netzwerk** und einem **Recurrent Netzwerk** gemacht.

In einem Feed-Forward Netzwerk fließt der Informationsstrom, wie der Name vermittelt, vom Eingang bis zum Ausgang in eine Vorwärtsrichtung. Single Layer Perceptrons gehören zu einer Untergruppe von Feed-Forward Netzwerken. Zu diesen zählen Netzstrukturen die, anders als in Abb. 5.31 dargestellt, über keine Hidden-Layer verfügen. Die Eingangsebene ist somit direkt mit der Ausgabeebene verknüpft. Multi Layer Perceptrons hingegen bestehen aus mindestens einer Hidden-Layer Ebene. Da hierdurch deutlich komplexere Strukturen und Verschaltungslogiken zwischen Neuronen realisiert werden können, zählen Multi-Layer Perceptrons heute zu den gebräuchlichsten Netzwerktypen.

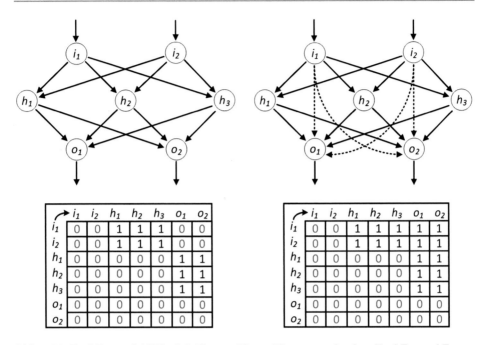

**Abb. 5.34** Feed-Forward ANN mit 3 Ebenen: Hinton-Diagramm mit reiner Feed-Forward Formation (fully-linked network, links) und zusätzlichen Direktverbindungen zwischen Ein- und Ausgang (short-cut connection, rechts) [47]

Zur Illustration möglicher Netz-Topologien werden in diesem Zusammenhang gerne Hinton-Diagramme verwendet, die die Verbindungen zwischen den Neuronen in einer Matrixform wiedergeben. Abb. 5.34 (links) stellt hierzu ein einfaches dreistufiges Netz dar mit einer Eingangsebene $I_i$, einer Hidden-Layer Ebene $h_i$ und der Ausgabeebene $a_i$. Wie hier dargestellt, begegnet man oftmals Feed-Forward Netzwerken, worin jedes Neuron $i$ mit allen Neuronen der nächsten Ebene verbunden ist. Diese Art von Netzwerke werden auch als „Fully-Linked Network" bezeichnet (links). Andere Feed-Forward Netze erlauben sogenannte „Short-Cut Connection", hierbei können Verbindungen eine oder mehrere Ebenen überspringen (rechts).

Gegenüber den klassischen Feed-Forward Netzwerken stehen komplexe Recurrent Netzwerke (wiederkehrende Netzwerke) die erlauben, dass Neuronen vorgelagerte und nachgelagerte Ebenen sowie sich selbst durch Verbindungen beeinflussen. Hierdurch bekommt das System einen iterativen Charakter, sodass eine Stabilität nur über gewisse Iterationsschleifen eingestellt werden kann. Deren Anzahl wiederum hängt davon ab, wie gut die Startbedingungen gewählt werden. Der große Vorteil von RNNs liegt darin, dass sie durch ihre iterative Struktur eine Art Gedächtnis erlangen. Hierdurch eignen sie sich besonders für zeitabhängige Datensequenzen (time-series). Speziell im Bereich der Antriebsentwicklung erlauben diese leistungsstarke Netzwerk Strukturen transiente Probleme zu lösen.

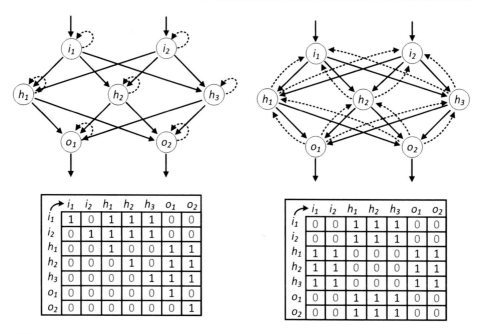

| | $i_1$ | $i_2$ | $h_1$ | $h_2$ | $h_3$ | $o_1$ | $o_2$ |
|---|---|---|---|---|---|---|---|
| $i_1$ | 1 | 0 | 1 | 1 | 1 | 0 | 0 |
| $i_2$ | 0 | 1 | 1 | 1 | 1 | 0 | 0 |
| $h_1$ | 0 | 0 | 1 | 0 | 0 | 1 | 1 |
| $h_2$ | 0 | 0 | 0 | 1 | 0 | 1 | 1 |
| $h_3$ | 0 | 0 | 0 | 0 | 1 | 1 | 1 |
| $o_1$ | 0 | 0 | 0 | 0 | 0 | 1 | 0 |
| $o_2$ | 0 | 0 | 0 | 0 | 0 | 0 | 1 |

| | $i_1$ | $i_2$ | $h_1$ | $h_2$ | $h_3$ | $o_1$ | $o_2$ |
|---|---|---|---|---|---|---|---|
| $i_1$ | 0 | 0 | 1 | 1 | 1 | 0 | 0 |
| $i_2$ | 0 | 0 | 1 | 1 | 1 | 0 | 0 |
| $h_1$ | 1 | 1 | 0 | 0 | 0 | 1 | 1 |
| $h_2$ | 1 | 1 | 0 | 0 | 0 | 1 | 1 |
| $h_3$ | 1 | 1 | 0 | 0 | 0 | 1 | 1 |
| $o_1$ | 0 | 0 | 1 | 1 | 1 | 0 | 0 |
| $o_2$ | 0 | 0 | 1 | 1 | 1 | 0 | 0 |

**Abb. 5.35** Feed-Forward ANN mit selbst ausgerichteten Recurrent Schleifen der Neuronen (self recurrence, links) und fremd ausgerichteten Recurrent Schleifen (indirect recurrence, rechts) [47]

In Abb. 5.35 (links) ist ein Netzwerk mit einem „Self Recurrence" Charakter dargestellt. Hierdurch können Neuronen sich während der Selbsttrainingsphase solange hemmen, bis dass sie stark genug sind, um den Schwellwert $\Theta$ zu überschreiten und dadurch aktiviert zu werden.

Werden Verbindungen aus Hidden-Layer Ebenen zurück auf die Eingangsebene zugelassen, so spricht man von „Indirect Recurrence". Anders als beim Direct Recurrence können hier Neuronen ihr Verhalten als Folge von nachgelagerten Neuronenebenen trainieren (siehe Grafik rechts).

Um Systemen einen noch höheren Grad an Freiheit im Training zu gewähren, ist es weiterhin möglich Neuronen innerhalb einer Hidden-Layer miteinander zu verbinden. Was hierbei entsteht ist ein direktes Messen zwischen den Neuronen. Anders als beim Self Recurrence Training hemmen Neuronen andere innerhalb der Hidden-Layer, um sich selbst zu stärken und eine Aktivierung zu erzielen. Als Ergebnis dieser direkten Gegenüberstellung gelingt eine Aktivierung nur den stärksten Neuronen, sodass sie sich den anderen gegenüber nach dem „Winner takes it all" Prinzip durchsetzen. Diese Form von Topologie wird „Lateral Recurrence" bezeichnet sowie in Abb. 5.36 (links) dargestellt.

Den vorgestellten Topologie-Optionen gegenüber stehen am äußersten Limit die „Completely Linked Netzwerke". Diese erlauben Verbindungen zwischen allen Neuronen. Dies führt dazu, dass jedes Neuron zu einer Eingangsgröße wird, was der Grund dafür ist, dass

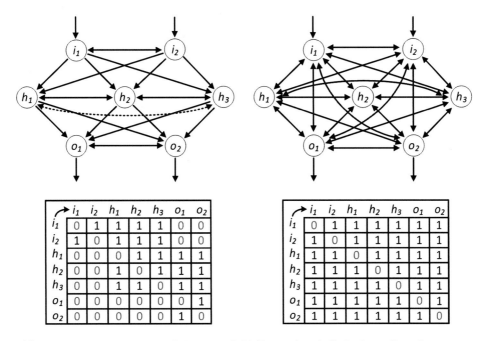

**Abb. 5.36** Feed-Forward ANN mit Recurrent Schleifen nur innerhalb der Layer (lateral recurrence, links), vollständig vernetztes Netzwerk (completely linked network, rechts) [47]

eine Selbstverlinkung nicht mehr möglich ist. Hierdurch können vorher definierte Ebenen nicht mehr klar voneinander getrennt werden. Vom Training her nimmt diese Topologie-Form den höchsten Aufwand ein, allerdings kann es je nach Anwendungsfall schnell dazu führen, dass ein System übertrainiert (overtrained) wird und es als Ergebnis qualitativ an Inter- und Extrapolierbarkeit verliert.

Speziell an der Börse finden RNNs eine große Anwendung, da sie sich für die Prognose zeitabhängiger Sequenzen auf der Grundlage vergangener Szenarien ideal eignen. Im Vorfeld einer solchen Anwendung steht immer die Wahl einer geeigneten Netzwerkarchitektur und ein Training dieses Netzwerks auf Basis historischer Daten. Fortan ermöglicht die Methode einen diskreten Zeitpunkt $P_1$ in der Zukunft (future prediction) auf Basis der Anzahl vergangener Zeitschritte $N_p$ eines Erfahrungsfensters (Memory window) vorherzusagen. Dieser liegt ausgehend vom aktuellen Zeitpunkt um $N_f$ Zeitschritte in der Zukunft. Je größer der Wert $N_f$ gewählt wird, desto höher wird die Wahrscheinlichkeit, dass die Prognose von der Realität abweicht. Dem Verlust kann entgegengewirkt werden indem das memory window ($N_p$) größer gewählt wird oder das RNN größer dimensioniert und neu antrainiert wird (Abb. 5.37).

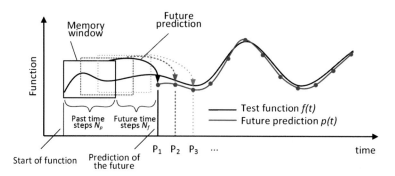

**Abb. 5.37** Vorhersage zeitlich variabler Größen: Definition von past time step und future time step

Neben den Recurrent Netzwerken gibt es eine Vielzahl anderer Netzwerkstrukturen, die wiederkehrende Schleifen besitzen und sich hierdurch speziell für Daten eignen, die zeitliche Sequenzen beinhalten. Hierzu gehören das Long Short Term Memory (LSTM) Netzwerk oder das Gate Recurrent Unit (GRU) Netzwerk. Beide Netzwerk-Typen eignen sich zum Klassifizieren, Verarbeiten und zum Vorhersagen von Szenarien, die in der Zukunft liegen. Ähnlich wie Recurrent Netzwerke werden LSTMs und GRUs aufgrund ihrer Komplexität und ihrer Netzwerktiefe zu den Deep Learning Methoden gezählt (siehe Abschn. 5.6).

Möchte man RNNs für zeitlich abhängige Sequenzen anwenden, so werden einzelne RNN Netzwerke, die jeweils aus einem Neuron bestehen, zu einer Kette von sich wiederholenden Modulen zusammengefügt. Hierdurch erhalten sie den Charakter einer sequentiellen Verarbeitung. Jedes Modul beinhaltet zwei Gewichte, eines verankert in der Feed-Forward Richtung und eines in der recurrent Schleife, welche üblicherweise mit einer tanh-Aktivierungsfunktion abgebildet werden (Abb. 5.38).

RNNs sind durchaus in der Lage, Abhängigkeiten aus der Vergangenheit zu erlernen und auf einen zukünftigen Zeitpunkt zu projizieren. In der Praxis allerdings stellen sich Schwierigkeiten dar, die sich aus der einfachen Netzwerkarchitektur ableiten lassen und von Hochreiter et al. eingehend untersucht und dargelegt wurden [49]. LSTM Netzwerke

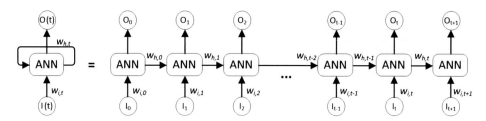

**Abb. 5.38** Zusammenführung sequentieller RNNs zur Verarbeitung zeitbasierter Ereignisse

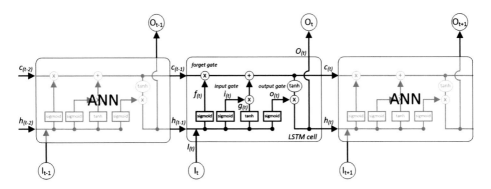

**Abb. 5.39** Funktionsweise einer LSTM-Zelle [50]

sind eine speziellere Art von RNNs, die in der Lage sind, auch langfristige, zeitbasierte Ursache-Wirkung Abhängigkeiten zu erlernen und vorherzusagen. Erstmalig wurden sie von den deutschen Computerwissenschaftlern S. Hochreiter und J. Schmidhuber vorgestellt. Inzwischen ist ihre Anwendung weltweit stark verbreitet. LSTMs besitzen ebenfalls diese kettenartige Struktur, allerdings mit einer komplexeren Verarbeitungseinheit innerhalb einer sogenannten LSTM-Zelle. Statt einer einzelnen neuronalen Netzwerkschicht gibt es vier, die auf eine besondere Weise durch Operatoren miteinander interagieren: Zwei aufeinanderfolgende Schichten mit sigmoider Aktivierungsfunktion, einer dritten Schicht mit einer tanh Aktivierung und einer weiteren sigmoiden Schicht (Abb. 5.39).

Der Schlüssel zu LSTMs ist der Zellstatus $c_{(t-1)}$ (long-term state), die horizontale Linie, die im oberen Teil des Bildes die gesamte Kette an LSTM-Zellen durchläuft und dabei durch lineare Interaktionen stets aktualisiert wird. Die sigmoiden Schichten beschreiben, wie viel von jeder Komponente durchgelassen werden soll. Diese haben die Funktion, den Zellzustand zu schützen und zu kontrollieren. Daher werden sie auch als Gate-Controller bezeichnet. Ihre Ausgaben umfassen Werte von 0 bis 1 d. h. sie schließen das entsprechende gate mit einer Ausgabe 0, und öffnen es mit der Ausgabe 1.

Genauer betrachtet durchläuft $c_{(t-1)}$ das sogenannte forget gate $f_{(t)}$. Dieses gate entscheidet, welche Teile des Langzeitzustandes gelöscht werden sollen. Das input gate $i_{(t)}$ hingegen steuert, welche Teile der tanh Funktion $g_{(t)}$ überschrieben und zum Langzeitzustand hinzugefügt werden sollen. Nach einer weiteren Operation mit dem output gate $o_{(t)}$ wird schließlich ermittelt, welche Teile des Langzeitzustandes als Signal nach außen transportiert werden sollen. Als Ergebnis entsteht der Kurzzeitzustand $h_{(t)}$ (short-term state) der gleichzeitig dem Ergebnis der Zelle zum Zeitpunkt $O_{(t)}$ entspricht.

Zusammengefasst kann eine LSTM-Zelle lernen, eine wichtige Eingabe zu erkennen, sie im Langzeitzustand zu speichern, sie so lange zu bewahren wie sie benötigt wird, um sie bei Bedarf wieder zu extrahieren. Dies erklärt, warum diese Zellen erstaunlich gut bei der Erfassung von Langzeitmustern in Zeitreihen funktionieren.

Die folgenden Gleichungen fassen zusammen, wie der Langzeitzustand $c_{(t)}$ und der Kurzzeitzustand $h_{(t)}$ berechnet werden. Hierbei stellen $w_{i,f}$, $w_{i,i}$, $w_{i,g}$ die Feed-Forward Gewichte der jeweiligen vier Schichten zum Eingangsvektor $i_{(t)}$ dar. Die Gewichte $w_{h,f}$, $w_{h,i}$, $w_{h,g}$ und $w_{h,o}$ schwächen bzw. stärken hingegen die Recurrent-Schleifen zurück zum Kurzzeitzustand $h_{(t-1)}$, (siehe dazu Abb. 5.38). Die Terme $b_f$, $b_i$, $b_g$ und $b_o$ bilden die zugehörigen Bias-Terme [50].

$$f_{(t)} = \sigma(w_{i,f} \cdot i_{(t)} + w_{h,f} \cdot h_{(t-1)} + b_f) \qquad (5.9)$$
$$i_{(t)} = \sigma(w_{i,i} \cdot i_{(t)} + w_{h,i} \cdot h_{(t-1)} + b_i)$$
$$g_{(t)} = tanh(w_{i,g} \cdot i_{(t)} + w_{h,g} \cdot h_{(t-1)} + b_g)$$
$$o_{(t)} = \sigma(w_{i,o} \cdot i_{(t)} + w_{h,o} \cdot h_{(t-1)} + b_o)$$
$$c_{(t)} = f_{(t)} \cdot c_{(t-1)} + i_{(t)} \cdot g_{(t)}$$
$$O_{(t)} = h_{(t)} = o_{(t)} \cdot tanh(c_{(t)})$$

**Beispiel 10: Vorhersage Emission im Real Driving Emission (RDE) Test**
*Emissionen im realen Fahrbetrieb werden anders als diese, die unter nicht-realen Testbedingungen an einem Abgasrollenprüfstand gemessen werden, als Real Driving Emissions (RDE) beschrieben. Aufgrund der Tatsache, dass Pkws im realen Fahrbetrieb durchaus mehr Abgase emittieren als im NEFZ[4] Testverfahren, das seit 1992 zur Zulassung von Fahrzeugen herangezogen wird, wurde von der europäischen Union im Jahre 2015 beschlossen, das Testverfahren durch das RDE-Prüfverfahren zu ergänzen. Das Prüfverfahren gilt seit September 2017 für Autos, Lastwagen und Busse im alltäglichen Gebrauch.*

*Die große Herausforderung dieses Prüfverfahrens liegt darin, dass im Gegensatz zu anderen Fahrzyklen, Strecke und Geschwindigkeit sowie Höhenprofil nicht fest vorgegeben sind. Die Strecke, die während des RDE-Tests gefahren wird, besteht aus einem Stadt-, einem Landstraßen- und einem Autobahnanteil. Die Anteile werden innerhalb vorgegebener Grenzen flexibel gehalten, auch das Fahrverhalten während des Testbetriebs unterliegt keiner festen Vorgabe und kann von einem Prüfer individuell vorgenommen werden. Diese Freiheiten führen dazu, dass eine genaue Vorhersage von Emissionen mithilfe gängiger Modelle schwer zu realisieren ist.*

---

[4] Neuer Europäischer Fahrzyklus.

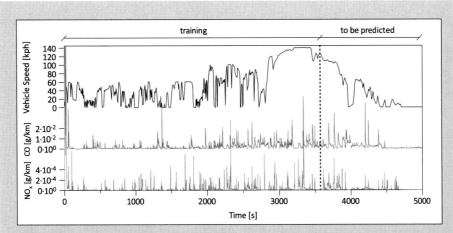

**Abb. 5.40** Training und Vorhersage von CO, NO$_x$ Emissionen im RDE Prüfverfahren

*Im folgenden Beispiel wird ein self recurrence RNN ausgewählt (vgl. Abb. 5.35), das sich aus 4 Hidden-Layer und jeweils 30 Neuronen zusammensetzt. Eine RDE Testfahrt und dazugehörige Messungen über Kohlenmonoxid (CO) und Stickoxid (NO$_x$), die mit einem PEMS (portable emissions measurement system) aufgezeichnet wurden, dienen der Betrachtung als Grundlage. Die ersten 4300 s der Testfahrt, die einen Anteil von 75 % der gesamten Testzeit entsprechen, werden zum Training des neuronalen Netzwerks herangezogen. Für die verbleibende Strecke soll eine Vorhersage der Emissionen erfolgen. Alternativ ist es auch möglich eine vollständige RDE Messung als Trainingsbasis heranzuziehen und aufbauend darauf Emissionen anderer RDE-Messungen vorherzusagen (Abb. 5.40).*

*Bei der Nutzung von RNNs stehen dem Anwender zur Auswahl, die Zeitschrittweite der Vorhersage festzulegen. Liegt eine Vorhersage weit in der Zukunft (großes $N_f$), so wird empfohlen mit einem ebenso größeren $N_p$ und/oder einer größeren Netzwerkarchitektur entgegenzusteuern, siehe dazu Abschn. 5.5.4. Die folgende Graphik zeigt das Ergebnis der Emissionsvorhersage des RDE-Test für $N_p=300$ für die Vorhersage des CO und $NO_x$ von einer Sekunde, 5 s, 10 s und 20 s in die Zukunft. Die Größen wurden hierbei auf Basis des jeweiligen Maximalwerts normiert [0–1] (Abb. 5.41).*

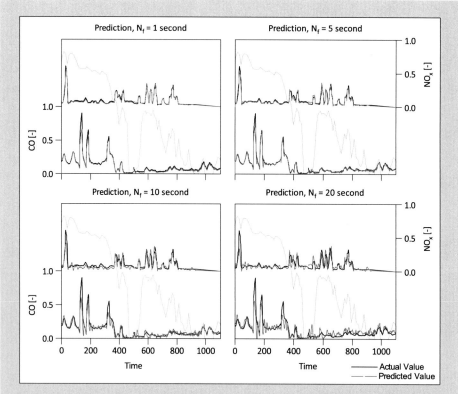

**Abb. 5.41** Vorhersage von CO und $NO_x$ im RDE für unterschiedliche future times steps $N_f$

### 5.5.3  Trainingsverfahren

Ähnlich wie bei biologischen Neuronen, die durch ihre vorgelagerte synaptische Verbindungen gehemmt oder verstärkt werden, so übernehmen bei künstlich neuronalen Netzwerken Gewichte diese Aufgabe. Während der Trainingsphase eines ANN werden die Gewichte stets angepasst. Hierfür wurden verschiedene Trainingsalgorithmen entwickelt, von denen nur wenige für mehrschichtige Neuronennetzwerke geeignet sind. Einige von ihnen eignen sich für Feed-Forward Netzwerke, für die der Informationsfluss in eine Richtung fließt, andere für Recurrent Netzwerke mit rückwärts gerichtetem Informationsfluss, wie in Abschn. 5.5.2 vorgestellt.

Losgelöst von der Beschaffenheit der Netzwerkarchitektur gibt es Trainingsverfahren, die dann geeignet sind, wenn die Ausgabe des ANN bekannt ist (Supervised Learning siehe Abschn. 5.4.1), Verfahren für ANN mit unbekannten Ausgangsgrößen (Unsupervised Learning siehe Abschn. 5.4.2) und spezielle Verfahren für selbstlernende Systeme (Reinforcement Learning siehe Abschn. 5.4.3). Welches Trainingsverfahren letztendlich am geeignetsten ist, hängt somit von der entsprechenden Anwendung ab.

In diesem Abschnitt werden einige Trainingsverfahren vorgestellt. Zur Übersicht wird auf den Flow-Chart in Abb. 5.5 hingewiesen.

**Backward Propagation – Supervised Learning**

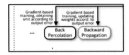

Die Backward Propagation, eine Trainingsmethode durch Rückwärts-Ausbreitung von Fehlern, stellt eine von mehreren Möglichkeiten dar, mit der künstlich neuronale Netze trainiert werden können. Die Trainingsmethode wird zu den Supervised Learning Verfahren gezählt, d. h. Daten die einem Training unterzogen werden, müssen klassifizierbar sein, siehe dazu Näheres in Abschn. 5.4.1.

Zu Beginn eines Trainingsvorgangs werden alle Gewichte eines neuronalen Netzwerks initialisiert. Eine gute Initialisierung ist von zentraler Bedeutung, da sie darüber entscheidet, wie viele Epochen (Iterationen) ein Netzwerk antrainiert werden muss, damit sie Stabilität erreicht. Zudem kann das Endergebnis bei schlechter Initialisierung abweichen. Zu den wichtigsten Initialisierungsmethoden zählt die von G. Xavier und K. He [51, 52].

Nach diesem Schritt generiert das Netz nun entsprechende Ausgangsdaten der nullten Iteration. Zu der erwarteten Ausgangsgröße wird eine Abweichung (Fehler) berechnet. Der Fehler wird zu der vorherigen Ebene rückwärts ausgebreitet. Durch Anpassung der Gewichte auf dieser Ebene wird der Fehler durch eine Gradienten-Minimierungs-Methode (Gradient-Descent-Method) reduziert. Dieser Prozess wird solange wiederholt, bis ein bestimmter Grenzfehler unterschritten wird. Ist der kleinste Gradient gefunden, was einem globalen Minimum entspricht, gilt das Training als abgeschlossen.

Der Trainingsvorgang kann prinzipiell in drei Schritte unterteilt werden und wird folgend am Beispiel eines einfachen neuronalen Netzwerks (Multi Layer Perceptrons) mit zwei Eingangssignalen $(x_1, x_2)$, zwei Hidden-Layer Ebenen und einem Ausgangssignal $y$ näher erläutert:

1. Forward Propagation
   Das Netzwerktraining ist ein iterativer Prozess. In jeder Iteration werden die Gewichte an jedem Knoten unter Verwendung neuer Trainingsdaten modifiziert. Jeder Trainingsschritt beginnt mit dem Einspeisen von Eingangssignalen aus dem Trainingssatz. Danach können die Ausgangssignalwerte in jeder Netzwerkschicht für jedes Neuron bestimmt werden. Die folgenden Bilder veranschaulichen, wie sich das Signal durch das Netzwerk ausbreitet (Abb. 5.42).

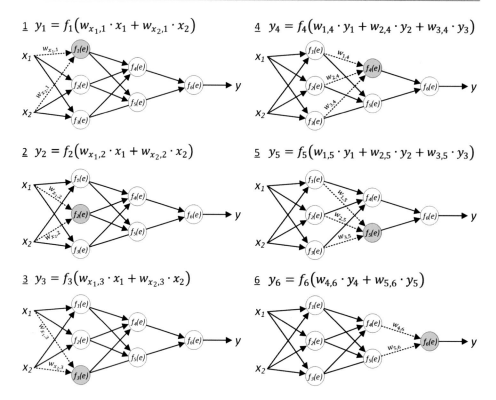

**Abb. 5.42** Backward Propagation Trainingsphase 1: Feed-Forward und Herleitung einzelner Neuronenausgänge [53]

2. Berechnung der Fehler

Im zweiten Schritt der Trainingsphase wird das Ausgangssignal $y$ des Netzwerks mit dem gewünschten Zielwert verglichen, der sich im Trainingsdatensatz befindet. Die Differenz $\delta = z - y$ beziffert den Fehler des Netzwerks.

Eine beliebige Kostenfunktion $C$ kann als Trainingsgrundlage für das updaten der Gewichte gewählt werden.

$$C = \frac{1}{2} \cdot (z - y)^2 \tag{5.10}$$

Die Koeffizienten $w_{i,j}$ der Gewichte, die zur Rückübertragung von Fehlern verwendet werden, entsprechen denselben, die während der Berechnung des Ausgabewertes herangezogen werden. Daher ist es unerlässlich, sowohl für den Trainingsvorgang als auch für den anschließenden Berechnungsvorgang ein und dieselbe Aktivierungsfunktion auszuwählen, andernfalls ließe sich die Ergebnisgüte des Trainings nicht reproduzieren (Abb. 5.43).

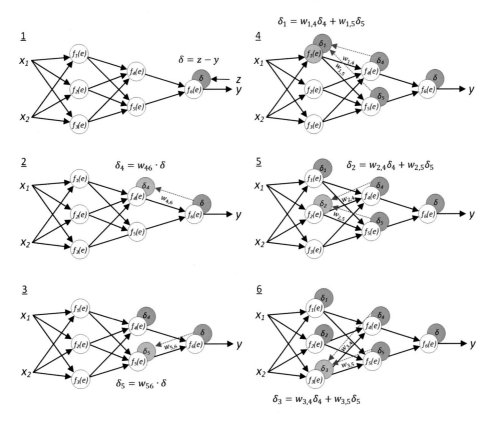

**Abb. 5.43** Backward Propagation Trainingsphase 2: Herleitung der Fehler und der Gradienten [53]

3. Update der Gewichte
Zur Anpassung der Gewichte wird die partielle Ableitung der Fehlerfunktion vorgenommen:

$$\delta_k = \frac{dC}{dw_{i,j}} = (z - y_k)\frac{dy_k}{dw_{i,j}} \tag{5.11}$$

$y_k$ beschreibt die Aktivierungsfunktion, die in Abb. 5.32 vorgestellt wurde. Für die Wahl einer sigmoiden Aktivierungsfunktion würde gelten:

$$y_k = F(s_k) = \frac{1}{1 + e^{s_k}} \tag{5.12}$$

Setzt man Gl. 5.12 in Gl. 5.11 ein erhält man:

$$\delta_k = \frac{dC}{dw_{i,j}} = (z - y_k) \cdot y_k(1 - y_k) \tag{5.13}$$

Nachdem die Gradienten berechnet wurden, werden die Gewichte angepasst:

$$w_{i,j}^* = w_{i,j} + \Delta w_{i,j} \qquad (5.14)$$

mit

$$\Delta w_{i,j} = \eta \cdot \delta_k \cdot y_k \qquad (5.15)$$

$\eta$ beschreibt die Lernrate des Back-Propagation Prozesses durch Beeinflussung der Trainingsgeschwindigkeit im Netzwerk. Es gibt zwei grundlegend unterschiedliche Ansätze, um diese Parameter auszuwählen. Der erste besteht darin, den Trainingsprozess mit einem großen Startwert zu bedaten. Während die Gewichte festgelegt werden, wird der Parameter schrittweise verringert. Der zweite Ansatz beginnt mit dem Einlernen durch

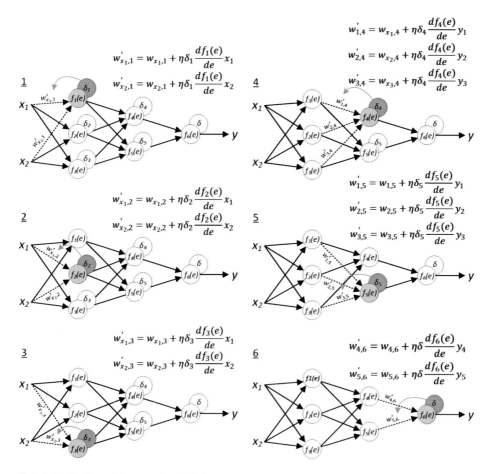

**Abb. 5.44** Backward-Propagation Trainingsphase 3: Update der Gewichte auf Basis der Gradienten [53]

einen kleinen Parameterwert. Während des Trainings wird der Parameter beim Fortschreiten erhöht und im Endstadium wieder verringert. Hierdurch ist es möglich die Vorzeichen der Gewichte schneller zu bestimmen. Dieser Ansatz nimmt zwar mehr Zeit in Anspruch, reagiert allerdings robuster bezüglich eines Konvergenzkriteriums (Abb. 5.44).

**Counter Propagation – Unsupervised Learning**

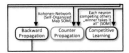

Im Jahre 1987 präsentierte der US-amerikanische Computerwissenschaftler Robert Hecht-Nielsen für neuronale Netzwerke eine neue Form der Trainingsmethode namens „Counter-Propagation" (CPN). Anders als das Back-Propagation Verfahren zählt dieses zu den Unsupervised Learning-Verfahren (Näheres dazu in Abschn. 5.4.2) und ist speziell geeignet für Feed-Forward-Netzwerke. Das Counter-Propagation besitzt selbstlernende Eigenschaften und ist vor Allem dann zur Anwendung geeignet, wenn eine Datenbasis nicht-klassifizierbar ist, speziell wenn Eingangsgrößen dynamisch, also stets veränderlich sind und Ausgangsgrößen unbekannt.

Das Counter-Propagation-Verfahren wird typischerweise mit einer Kohonen-Hidden-Layer-Ebene kombiniert. Kohonen-Netzwerke werden auch als selbst organisierte Karten (Self-Organizing Maps SOM) bezeichnet, die vor allem zur Visualisierung und Analyse hochkomplexer Daten herangezogen werden. Jeder Datenpunkt wird nach dem Ähnlichkeitstheorem und metrischer Bewertungsgrundlage einem Netzwerkknoten zugeordnet. Hierdurch ist das Verfahren in der Lage, Eingangsgrößen direkt auf einen Ausgang zu „mappen". Die Ausgangs-Ebene wird auch als Grossberg-Layer bezeichnet.

Prinzipiell kann ein Datenmapping, also eine direkte Projektion eines Eingangssignals auf einen möglichen Ausgang auch mit der Back-Propagation-Methode gelöst werden, allerdings verspricht das Counter-Propagation Verfahren gerade für dynamische und veränderliche Datenmuster in Bezug einer Vorhersage eine höhere Treffer-Wahrscheinlichkeit und eine bis zu 100 Mal schnellere Berechnungsgeschwindigkeit. Besonders gut eignet sich dieses Trainingsverfahren für Anwendungen, die in Echtzeit ablaufen sollen.

In Abb. 5.45 ist ein Counter-Propagation Netzwerk mit fünf Ebenen dargestellt, den Eingangsebenen 1 und 2, einer Hidden-Layer-Ebene 3 und den Ausgangsebenen 4 und 5. Mit einer gegebenen Vektorpaarung $\{x_1, y_1\}$, $\{x_2, y_2\}$, ..., $\{x_n, y_m\}$ versucht das CPN während der Trainingsphase einen Eingangsvektor $\{x_i\}$ mit einem Eingangsvektor $\{y_i\}$ zu korrelieren. Falls eine Korrelation mit einer kontinuierlichen Funktion $\Phi$ beschrieben werden kann, so dass gilt $y = \Phi(x)$, so lernt das CPN diese Lösung für jeden Vektor $\{x\}$ des Trainingsraum-Musters mit derselben Charakteristik zu klassifizieren. Falls eine inverse Korrelation erkannt wird, so dass zusätzlich gilt, dass der Vektor $\{x\}$ auch eine Funktion von $\{y\}$ darstellt $x = (\Phi - 1) \cdot y$, so lernt das CPN auch invers zu mappen. In diesem Fall

**Abb. 5.45** Neuronales
Netzwerk für das Counter
Propagation
Trainingsverfahren [54]

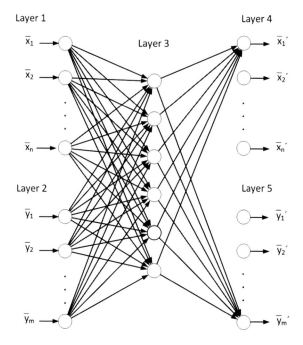

handelt es sich um ein „Full Counter-Propagation Netzwerk", andernfalls um ein „Forward-only Counter-Propagation-Netzwerk".

Das Trainingskonzept beruht auf zwei Prozessschritten. Zunächst wird eine Unsupervised Learning Methode angewendet. Die Kohonen (Hidden-Layer) Ebene arbeitet nach dem „Winner takes it all" -Prinzip. Hiernach setzt sich das stärkste Neuron in Konkurrenz zu den anderen durch, indem es den Schwellwert (Bias) überschreitet und dadurch aktiviert wird. Die Kohonen-Ebene sorgt somit für eine vorgelagerte Klassifizierung. Der aktivierte Knoten führt im Grossberg-Layer (Ausgangs-Ebene) eine „Supervised Learning" Methode durch und generiert das Ausgangssignal. Insofern wird das Trainingsverfahren auch als Semi-Supervised Learning kategorisiert.

**Competitive Learning – Unsupervised Learning**

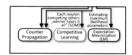

Zu den bekanntesten Competitive Learning Konzepten zählen selbstorganisierte Netzwerke (Self Organizing Maps SOM). SOMs stellen eine andere Form künstlich neuronaler Netzwerke dar, die im Jahr 1982 von dem finnischen Ingenieur Teuvo Kohonen präsentiert wurde. Sie zählen zu den prominentesten Unsupervised Learning Methoden, die darauf abzielen, die Dimension komplexer Dateneingänge auf eine zweidimensionale Ausgangsebene (2D-Karte) zu reduzieren und zu diskretisieren. SOMs unterscheiden sich von klassischen ANNs darin, dass das Training der Gewichte nicht durch eine fehlerbasierte Gradientenabstiegs-methode (Backward Propagation) trainiert wird, sondern durch ein wettbewerbsorientiertes Lernen. Jedes Neuron arbeitet „selbst-organisiert" d. h. es konkurriert selbstständig mit sei-nen benachbarten Neuronen, das im Jargon als das „Winner takes it all" Prinzip bezeichnet wird. Das Gewicht eines Neurons wird belohnt, wenn es Ergebnisse produziert, die einem stichprobenhaften Vektor am ähnlichsten sind.

Basierend auf gängigen Signalverarbeitungskonzepten stellt ein sogenannter Quantisie-rungsfehler (QE) ein Maß für den durchschnittlichen Abstand zwischen den Datenpunkten und den Kartenknoten, auf denen sie abgebildet sind. Kohonen schlug QE als grundlegen-des Qualitätsmaß für die Bewertung selbstorganisierender Karten vor. Der Wert für eine Karte wird unter Verwendung der folgenden Gleichung berechnet, bei der n die Anzahl der Datenpunkte der Trainingsdaten darstellt und $\Phi : D \rightarrow M$ die Projektion des Eingaberaum D auf die Merkmalskarte M des SOM. [55]

$$QE(M) = \frac{1}{n} \sum_{i=1}^{n} \| \Phi(x_i) - x_i \| \qquad (5.16)$$

Ein weiteres Ziel des SOM-Algorithmus ist die Erhaltung seiner topologischen Merkmale des Eingaberaums im Ausgaberaum. Hierfür gibt es ein weiteres wichtiges Maß namens topographischer Fehler (topographic error TE) der beschreibt, wie gut die Struktur eines Eingaberaums durch die Karte abgebildet wird. TE berechnet für jede Eingabe das beste und zweitbeste übereinstimmende Neuron der Karte und bewertet basierend darauf ihre Position. Liegen die Knoten nebeneinander, so bedeutet dies, dass die Topologie für diese Eingabe erhalten wurde. Andernfalls wird dies als ein Fehler bewertet. Die Gesamtzahl der Fehler geteilt durch die Gesamtzahl der Datenpunkte ergibt den topografischen Fehler der Karte. Dabei bezeichnet $\mu(x)$ den besten übereinstimmenden Wert für den Datenpunkt $x$ und $\mu'(x)$ den zweitbesten. [55]

$$TE(M) = \frac{1}{n} \sum_{i=1}^{n} t(x_i) \qquad (5.17)$$

$$t(x) = \begin{cases} 0 & \text{falls } \mu(x) \text{ und } \mu'(x) \text{ benachbart sind} \\ 1 & \text{für alle anderen Fälle} \end{cases}$$

Jedes Neuron erlangt seine eigene x-y-Koordinate auf der Merkmalskarte (Farbkarte). Durch das zeitgleiche Training der Nachbarneuronen, wächst die Merkmalskarte nach und nach, die das Ergebnis des Clustering Prozesses darstellt. Insofern wird jeder Datenpunkt über die Darstellung einer Farbklasse einem bestimmten Charaktermerkmal zugeordnet (Abb. 5.46).

**Abb. 5.46** Projektion von
Daten auf eine 2D
Merkmalskarte (Self Organized
Maps SOM) [56]

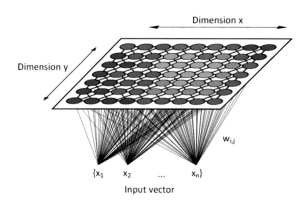

**MDP, Q-Learning, SARSA**

1. Zur Beschreibung des Reaktionsverhaltens auf Umgebungseinflüsse können für das Reinforcement Learning sogenannte Markov-Entscheidungsprozesse (Markov decision processes MDPs) als eine übergreifende Rahmenbedingung verwendet werden. Ein MDP besteht aus einer Menge endlicher Umgebungszustände (states) $s$, einer Reihe möglicher Aktionen (actions) in jedem Zustand $a(s)$ und einer reellen Werteblohnungsfunktion $r(s)$. Das Ziel des MDPs besteht darin, die optimale Richtlinie (policy) $\pi(s, a)$ zu berechnen, sodass zu jedem Zustand eine entsprechende Aktion vorgenommen wird. Diese Aktion wird als Belohnung ausgewiesen, sofern sie einen Erfolg erbringt. Das Ziel liegt darin, die Belohnungen weitestgehend zu maximieren. Da allerdings reale Umgebungen hoch dynamisch sein können, ist es schwierig ihre Reaktionen auf veränderliche Eingangsdaten vorauszuschauen. In solchen Fällen ist der Einsatz modellfreier RL-Methoden sinnvoller, da sie sich zur Vorhersage unabsehbarer Effekte besser eignen.

2. Q-Learning und SARSA (State-Action-Reward-State-Action) sind zwei häufig verwendete modellfreie RL-Algorithmen. Während Q-Learning eine Off-Policy-Methode ist, bei dieser der Agent die Aktion basierend auf einer Richtlinie erlernt, ist SARSA eine On-Policy-Methode, die den Wert in erster Linie auf Basis seiner aktuellen Aktion und in zweiter Linie unter der weiteren Hinzunahme zusätzlicher Richtlinien erlernt. Das Gewicht für einen Schritt von einem Zustand $t$ um $\Delta t$ Schritte in die Zukunft wird mit $\gamma^{\Delta t}$ berechnet, wobei für $\gamma$ gilt ($0 \leq \gamma \geq 1$). Dies hat den Effekt, dass früher erhaltene Belohnungen höher bewertet werden als später erhaltene. $\gamma$ kann auch als diejenige Wahrscheinlichkeit interpretiert werden, die nach jedem Zeitschritt $\Delta t$ einen Erfolg erbringt. Bevor das Lernen beginnt, wird $Q$ auf einen beliebig festen Wert initialisiert. Dann wählt der Agent zu jedem Zeitpunkt $t$ eine Aktion $a_t$ aus, beobachtet die Belohnung $r_t$ und erteilt $a$ einen neuen Zustand $s_t + 1$.

Anschließend erfolgt die Aktualisierung von $Q$ [57]. Sowohl Q-Learning als auch SARSA stützen sich auf die folgende Gleichung:

$$\underbrace{Q(s_t, a_t)}_{\text{new value}} \overset{\text{updating direction}}{\leftarrow} \underbrace{Q(s_t, a_t)}_{\text{old value}} + \overset{\text{learning rate}}{\alpha} \cdot (\underbrace{\underbrace{r_t}_{\text{reward}} + \overbrace{\gamma}^{\text{discount factor}} \cdot \underbrace{max \; Q(s_{t+1}, a)}_{\substack{\text{estimate optimal} \\ \text{future value}}}}_{\text{new value}} \overbrace{- \; Q(s_t, a_t))}^{\text{temporal difference between current and learned value}}$$

$$\text{old value}$$

(5.18)

Beide Methoden sind einfach implementierbar aber nicht allgemein anwendbar, da sie nicht in der Lage sind, Werte für unbekannte Zustände zu schätzen. Dies kann durch fortgeschrittenere Algorithmen wie Deep Q-Networks (DQN) überwunden werden, die neuronale Netze zum Schätzen von Q-Werten verwenden. DQNs eignen sich jedoch eher zur Verarbeitung diskreter und niedrig-dimensionaler Aktionsräume.

Reinforcement Learning findet eine große Anwendung dort, wo das Training auf variable Eingangsdaten und unvorhersehbare Ausgangsdaten basiert wie beispielsweise im Bereich autonomen Fahrens. Die Umwelteinflüsse, die beim Fahren in Erscheinung treten können sind komplex und nicht endlich definierbar. Ähnlich komplex verhält es sich im Bereich „Gaming", in der virtuelle Spielpartner entwickelt werden oder im Bereich der Robotik.

### 5.5.4 Netzwerk Architektur und Performance

Die Architektur eines neuronalen Netzwerks beschreibt ihre Zusammensetzung bzw. Dimension und wird definiert von der Anzahl an Hidden-Layer (HL) und der Anzahl an Neuronen pro Hidden-Layer (Hidden Units HU), die das Netzwerk umfasst. Zu Beginn der Modellierung eines Netzwerks ist die Suche nach der optimalen Architektur eines der Kernthemen, mit dem sich der Anwender in der Regel auseinandersetzen muss.

Die Ermittlung kann sehr zeitintensiv sein, daher wird empfohlen, sich an einige generelle Vorgaben zu richten, um im Vorfeld eine etwaige Orientierung zu erlangen. Prinzipiell hängt die optimale Architektur zum einen stark zusammen mit der Anzahl an Eingangsgrößen des Modells, zum anderen mit der Größe des Datensatzes, der zum Trainieren des Netzwerks herangezogen wird. Abb. 5.47 illustriert die Abhängigkeit der Netzwerkarchitektur von ihrer Leistungsfähigkeit entsprechend der Menge an Trainingsdaten. Leistungsfähigkeit kann hierbei ebenso als Vorhersagefähigkeit verstanden werden, was analytisch gesehen als Bestimmtheitsmaß ($R^2$) oder auch durch andere Bewertungsgrößen wie das MSE[5] oder RMSE[6] ausgedrückt werden kann.

---

[5] mean square error (mittlerer quadratischer Modellfehler).

[6] root mean square error (mittlerer absoluter Modellfehler).

**Abb. 5.47** Leistungsfähigkeit eines ANN als Funktion von Datenmenge und Netzwerkarchitektur [58]

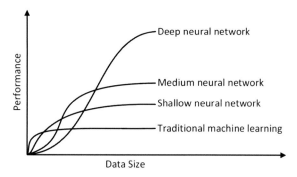

Zum Aufbau von Netzwerken gibt es strategisch unterschiedliche Vorgehensweisen. Folgend werden zwei sequentielle Methoden vorgestellt: 1. der serielle Aufbau der HL und 2. der parallele Aufbau der HL. Für beide Methoden muss zunächst eine maximale Anzahl an HU definiert werden. Beim seriellen Aufbau werden die HUs nacheinander entwickelt, siehe Abb. 5.48 (links), während die Leistung des Netzwerks stets beobachtet wird. Ist eine HL vollständig entwickelt, beginnt der Aufbau der nächsten HL-Ebene. Beim parallelen Aufbau hingegen (rechts) wird für jede neue hinzugefügte HL-Ebene die Anzahl an HUs neu aufgesetzt. Prinzipiell ist es ebenso möglich die Anzahl an HUs für jede HL variabel zu generieren. Hierdurch entsteht eine permutative Anzahl an möglichen Kombinationen was zu einem exponentiellen Anstieg der Rechenoperationen führt, weshalb davon streng abzuraten ist.

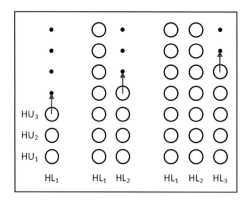

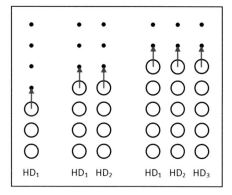

**Abb. 5.48** Sequentieller Aufbau eines neuronalen Netzwerks nach serieller Methode (links) und paralleler Methode (rechts)

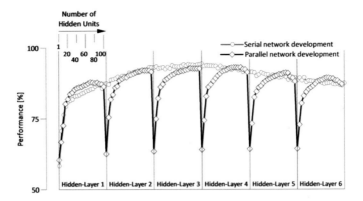

**Abb. 5.49**  Training eines seriellen und parallelen Netzwerks

Am Beispiel eines Datensatzes mit 45.000 Trainingsdaten, 8 Eingängen und einer Ausgangsgröße wird die Leistungsfähigkeit eines Netzwerks während seiner Entwicklung dargestellt. Hierfür sind 75 % der Daten fürs Training und 25 % zur Validierung herangezogen. Als Bewertungsgröße wird das Bestimmtheitsmaß $R^2$ dargestellt, welches die Korrelation zwischen den Realdaten und den aus dem Modell berechneten Ergebnissen wiedergibt. Für dieses Beispiel erreicht ein serielles Netzwerk seine optimale Leistung bei etwa 3 voll ausgebildeten HL à 100 Neuronen. Die parallele Entwicklungsmethode hingegen findet ein Optimum bei 4 HL mit jeweils 80 Neuronen. Prinzipiell kann man sagen, dass beide Methoden ähnliche Architekturen vorschlagen. Je nach Problemstellung und vorhandenem Vorwissen über einen Sachverhalt, kann die eine oder andere Methode Zeitvorteile zur Folge haben. Auf der Suche nach einer effizienten Netzwerkarchitektur sollten beide Methoden gegeneinander abgewägt werden (Abb. 5.49).

Die Anzahl an Neuronen reagiert gegenüber der Anzahl an HL für den Leistungszuwachs deutlich sensibler. Der Fokus sollte somit stärker auf die Entwicklung der Neuronen als auf eine große Anzahl an HL gelegt werden. Mit steigender Anzahl an HL wird der zusätzliche Gewinn an Netzwerkleistung stets geringer. Abb. 5.50 beschreibt, dass die erste(n) HL als leistungsdefinierende Säule(n) gilt (gelten). Werden weitere HL-Ebenen hinzugefügt, so können bei großen Datensätzen weitere, kleinere Potentiale lokalisiert werden (improving pillars). Weitere Ebenen machen nur noch einen geringfügigen Leistungszuwachs aus und werden demnach als „fine tuning pillars" ausgewiesen. Die Wahl einer Netzwerkstruktur ist eines der sensiblen Themen, da diese einen immensen Einfluss auf die Effizienz eines

**Abb. 5.50** Effizienz einer
Netzwerkdimension

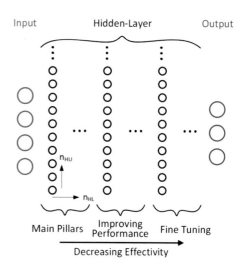

Modells nimmt. Zugleich kann das sequentielle Vergrößern der Architektur nach Abb. 5.48 und das Herantasten an ein Optimum sehr zeitintensiv sein. Um bei der Auswahl einer geeigneten Architektur dem Anwender Abhilfe zu schaffen, liefert die folgende Darstellung für die Wahl der HL Anzahl eine grobe Orientierung. In Abhängigkeit der Datengröße und der Anzahl an Eingangsparametern lässt sie sich linear beschreiben (Abb. 5.51).

Wurde die HL Anzahl in einem ersten Schritt festgelegt, so bleibt als weitere unbekannte Variable die Anzahl an HU offen. In einem zweiten Schritt kann diese Auswahl mithilfe von Abb. 5.52 abgeschätzt werden.

**Abb. 5.51** Anzahl zu
wählender Hidden-Layer in
Abhängigkeit von Datenmenge
und Zahl an Eingangsgrößen

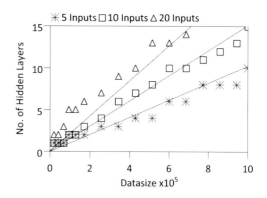

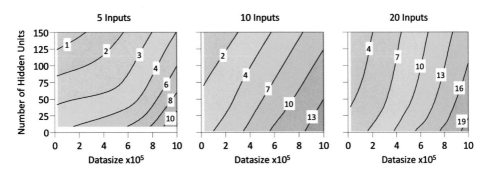

**Abb. 5.52** Zahl zu wählender Hidden-Units in Abhängigkeit der Datenmenge

**Hyperparameter**

In Machine Learning Anwendungen gibt es eine Reihe sensitiver Parameter, die eine relevante Auswirkung auf die Performance eines neuronalen Netzwerks haben. Diejenigen, die zur Steuerung des Trainings verwendet werden und deren Wert im Gegensatz zu anderen Parametern vor dem Training eines Modells festgelegt werden muss, werden als sogenannte Hyperparameter bezeichnet. Auch die Dimension eines ANN wird aufgrund der engen Verbindung mit der Optimierung von Hyperparametern folglich dazu mitgezählt.

Die wichtigsten Hyperparameter, die in der Summe einen entscheidenden Einfluss auf die Leistungsfähigkeit eines ANN haben, werden folgend festgehalten:

1. **Anzahl an Hidden-Layer & an Hidden Units**
   Wie im vorherigen Abschnitt erläutert, spielt die Dimension eines ANNs zur Erstellung eines geeigneten Modells eine entscheidende Rolle. Je größer und komplexer ein Datensatz und je mehr Eingangsgrößen dieser enthält, desto eher schiebt sich ein Performance Optimum des ANN in Richtung einer höherer Dimension.
2. **Dropout**
   Dropout ist eine Technik, die angewendet wird, um die Leistung eines Netzwerks zu erhöhen und ein overfitting zu vermeiden. Dabei werden nach einer Trial und Error Methode einzelne Neuronen ausgelöscht und das Netzwerk stets auf seine Leistung überprüft. Als Richtwert wird ein Dropout-Wert von 20 %–50 % der Neuronen empfohlen. Vor allem bei großen Netzwerken verspricht diese Methode nicht unerhebliche Potentiale aufzudecken (Abb. 5.53).

**Abb. 5.53** Dropout von
Neuronen [59]

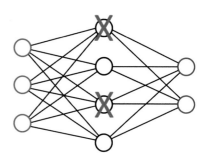

3. **Activation Function**

   Aktivierungsfunktionen werden eingesetzt, um nichtlineare Zusammenhänge von Daten in Modelle zu überführen. Je nachdem welche Merkmale und Eigenschaften ein Datensatz besitzt, kann es durchaus qualitative Unterschiede machen, mit welcher Aktivierungsfunktion ein entsprechendes Modell antrainiert wird. Insofern sie im Vorfeld eines Trainings ausgewählt werden muss, zählt sie mit zu eine der wichtigsten Hyperparameter. Näheres hierzu wurde in Abschn. 5.5.1 diskutiert.

4. **Weight Initialization**

   Eine sinnvolle Initialisierung der Gewichte zu Beginn eines Trainings entscheidet darüber, wie viele Epochen ein Netzwerk antrainiert werden muss, um seine maximale Leistung zu erreichen. Außerdem kann eine gute Initialisierung ein durchaus besseres Trainingsergebnis erzielen als bei einer ungünstig gewählten Initialisierung. Zu den wichtigsten Initialisierungsmethoden zählt die von G. Xavier und K. He, die auf Basis einer vorgelagerten Datenanalyse bestmögliche Startwerte der Gewichte abschätzen [51, 52].

5. **Train vs. Test Ratio**

   Bei einem gegebenen Datensatz ist es üblich, vor Beginn eines Trainings festzulegen, welcher Anteil des Datensatzes für das Training selbst und welcher restliche Anteil für eine Validierung des Modells (Test) herangezogen wird. Gemäß unterschiedlicher Quellen wird zwischen einem Training- und einem Testdatensatz ein Verhältnis von 70 %–85 % bei zufälliger Datenauswahl empfohlen. Dieser Wert kann für die Vorhersagefähigkeit eines Modells durchaus sensibel sein und somit seine Leistung beeinflussen.

6. **Batch Size**

   Ist ein Datensatz erheblich groß, kann der Trainingsprozess eine enorm hohe Rechenlast zur Folge haben. Vor allem für Studien, in der ein Prozess wiederkehrend ist, kann ein Fortschritt zeitlich ineffizient sein. Eine Methode, die dabei hilft die Trainingszeit zu reduzieren, ist die Segmentierung eines Datensatzes in kleine Pakete (Batches). Anstelle einer einmaligen Einspeisung des gesamten Datensatzes, werden fortan die Batches dem Netzwerk sequentiell übergeben. Eine Aktualisierung der Gewichte erfolgt nach jeder Eingabe einer neuen Batch. Ein Standardwert für die Batchgröße liegt bei 32. Für größere Batches können auch Vielfache dieser Zahl gewählt werden (Abb. 5.54).

**Abb. 5.54** Unterteilung eines
Datensatzes in Batches

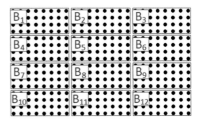

7. **Learning Rate**

Die Lernrate legt fest, wie schnell die Gewichte eines Netzwerks aktualisiert werden sollen. Eine niedrige Lernrate verlangsamt den Lernprozess, ist hingegen aber robust hinsichtlich von Oszillationen und stabiler bezüglich einer Konvergenz. Eine höhere Lernrate kann den Lernprozess deutlich beschleunigen läuft aber Gefahr zu oszillieren. Dieser Parameter wird typischerweise abhängig von einer Batchgröße gewählt. Je höher ein Datensatz bzw. die Batchgröße, desto sinnvoller ist es, eine höhere Lernrate zu wählen, um somit dem langsamen Lernprozess entgegenzusteuern. Des Weiteren ist es gebräuchlich, eine während des Trainings degradierende Lernrate einzustellen. Wird während einer Optimierung ein Plateau erreicht, kann die Reduktion der Lernrate eine höhere Robustheit bewirken und einen Fine-Tuning Prozess in Gang setzen.

8. **Number of Epochs**

Die Iteration eines Trainingsschrittes (siehe dazu Abb. 5.42, 5.43 und 5.44 am Beispiel des Backward-Propagation Verfahrens) wird als eine Epoche bezeichnet. In der Regel sollten so viele Epochen durchgeführt werden, bis dass die Validierungsgüte der Testdaten ein Maximum erreicht. Der Trainingsprozess sollte daher durch ein Abbruchkriterium terminiert werden. Steigt bei weiterem Training die Trainingsgenauigkeit bei gleichbleibender oder gar degradierender Validierungsgenauigkeit der Testdaten, ist dies ein Zeichen dafür, dass ein overfitting stattfindet (Abb. 5.55).

**Abb. 5.55** Training/Test vs.
Epochen

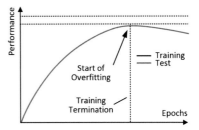

Eine händische Ermittlung optimaler Hyperparameter durch eine etwaige Trial und Error Methode ist enorm zeitintensiv und ineffizient. Inzwischen stehen KI-Anwendern aufgrund ständig wachsender Herausforderungen moderne und verlässliche Algorithmen namens Automated Machine Learning (AutoML) zur Seite, die vorgelagerte Schritte sowie die Suche von Hyperparametern hoch automatisiert vornehmen. Der Automatisierungsgrad verspricht hierdurch auch Nicht-Experten die Techniken des Machine Learning auf einem hohen Niveau zu adaptieren.

AutoML Algorithmen unterstützen bei der Einspeisung von Rohdaten bis zur vollständigen Entwicklung von vorhersagefähigen Modellen und verhelfen die Aufgaben der Anwender zunehmend auf übergreifende Themen zu verlagern, als dass sie sich mit Detailaufgaben sowie das pre-processing von Daten, feature extraction und feature selection, Algorithmenwahl, Hyperparameteroptimierung etc. auseinandersetzen müssen. AutoML Algorithmen bedienen sich Optimierungsmethoden sowie dem Manual Search, Grid Search, Random Search oder der Bayesian Optimierung, worauf hier im Detail nicht näher eingegangen werden soll.

### 5.5.5  Fuzzy Logik

Der Begriff Fuzzy-Logik wurde erstmals im Jahre 1965 von dem azerbaidschanischen Mathematiker und Computerwissenschaftler Lotfi Aliasker Zadeh an der University of California, Berkley veröffentlicht. Grundlagen hierfür lagen allerdings in viel früheren Untersuchungen der 1920er Jahre von Jan Łukasiewicz und Alfred Tarski bekannt durch die sogenannte Łukasiewicz-Logik.

Das Themengebiet befasst sich mit der Handhabung von Daten, die einer gewissen Unschärfe (engl. fuzzy) unterliegen. Anders als das Konzept der Boolean-Logik, mit der Größen binär auf 0 und 1 gerundet werden, um unscharfe Größen einzukategorisieren, erlaubt die Fuzzy-Logik einer Größe jeden Wert zwischen 0 und 1 zuzuordnen worauf das Konzept der Teilwahrheit begründet.

Die Fuzzy-Logik beruht auf Beobachtungen menschlicher Entscheidungsverhalten. Oftmals werden diese auf ungenauer und nicht-numerischer Informationsbasis getroffen. Die Informationsbasis kann auf der einen Seite stark begründet und validiert sein oder auf einem Konglomerat an unbewussten Erfahrungswerten aufbauen, was sich als ein sogenanntes „Bauchgefühl" äußert. Die Zwischenstufen sind hierbei vage und nicht differenzierbar – genau diesen Bereich versucht die Fuzzy-Logik numerisch darzustellen und auf mathematischem Boden zu quantifizieren. Eine große Anwendungsvielfalt erfährt das Konzept der Fuzzy-Logik speziell im Bereich der Regelung (Elektronik) und in der künstlichen Intelligenz.

**Abb. 5.56** Temperaturempfinden bei einer Gruppe von Probanden

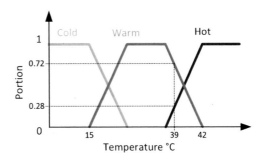

An einem einfachen Beispiel des subjektiven Empfindens von Probanden, die eine Flüssigkeit unterschiedlicher Temperaturen (hier Wasser) auf ihrer Haut verspüren, gibt die obige Grafik (Abb. 5.56) ein Beispiel geben, wie sich das statistische Empfinden durch die Fuzzy-Logik in einzelne Kategorien einordnen lässt. Hieran lässt sich erkennen, dass sich bei Einsatz von Regelstrategien dieser Art von subjektiven Parametern eine Bandbreite ergibt, deren Gewichtung von der Fuzzy-Logik berücksichtigt wird. In diesem Beispiel empfinden 72 % der Probanden eine Wassertemperatur von 39 °C als heiß und 28 % als warm. In der Realität lassen sich Abhängigkeiten nicht durch einfache, lineare Zusammenhänge wiedergeben, so wie hier dargestellt.

**Kombination von Fuzzy-Logik und künstlich neuronaler Netze**
In der Vergangenheit haben intelligente, hybride Systeme, die eine Kombination von Fuzzy-Logik und neuronalen Netzen darstellen, ihre hohe Wirksamkeit in einer Vielzahl realer Anwendungsprobleme bewiesen. Während neuronale Netze beispielsweise prädestiniert sind, Muster aus einer großen Datenvielzahl zu erkennen und fortan selbstlernend ihre Modellprädiktivität auszubauen, ist ihre Entscheidungsfindung grundlegend nicht erklärbar oder nachvollziehbar. Die Fuzzy-Logik hingegen kann mithilfe ungenauer Informationen argumentieren und Entscheidungen nachvollziehbar darlegen, jedoch nicht die Regeln ermitteln die sie für diese Entscheidungen verwendet. Infolge der beidseitigen Limitierung erschließt sich die Motivation, beide Systeme zu einem intelligenten Hybridsystem zu vereinen. Der für Fuzzy-Neuronale-Systeme vorgesehene Rechenprozess lässt sich in folgende drei Schritte gliedern:

- Zu Beginn steht die Entwicklung eines „Fuzzy-Neurons", das auf dem Verständnis biologischer neuronaler Morphologien und anschließenden Lernmechanismen basiert.
- Daraufhin folgt die Integration von Fuzzy-Neuronalen Modellen mit synaptischen Verbindungen, die eine Unschärfe in das neuronale Netzwerk einbeziehen.
- Letztlich folgt die Entwicklung von Lernalgorithmen zur Anpassung von synaptischen Gewichten.

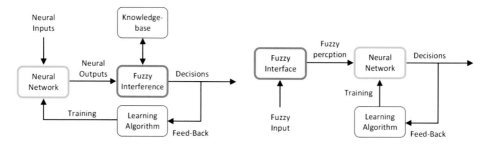

**Abb. 5.57** Kombination von Fuzzy-Logik und einem neuronalen Netzwerk als hybrides System für 1. ANN als Datenlieferant (links), 2. Fuzzy-Logik als Datenlieferant (rechts) [60]

Grundsätzlich bieten sich zwei mögliche Varianten an, Fuzzy-Neuronale Systeme zu gestalten:

1. Ein mehrschichtiges neuronales Netzwerk steuert den Fuzzy-Mechanismus, siehe Abb. 5.57 (links)
2. Die Fuzzy-Schnittstelle stellt einen Eingabevektor für ein mehrschichtiges neuronales Netzwerk bereit. Das neuronale Netzwerk ist adaptionsfähig und wird trainiert, um gewünschte Befehlsausgaben oder Entscheidungen zu berechnen, siehe Abb. 5.57 (rechts)

**Beispiel 11: Subjektives Fahrverhalten für die Applikation von elektronischen Steuergeräten**

*Subjektivität beschreibt laut Definition das Verhältnis eines Subjekts zu seiner Umwelt. Im abgeleiteten Sinn wird die Entscheidung eines Kunden beim Kauf eines Fahrzeugs maßgebend von subjektiven Fahreindrücken getroffen. Speziell ist hier die sogenannte „Fahrbarkeit" zu erwähnen, die sich am Ende einer Fahrzeugentwicklung als Summe vieler technischer Einzelkomponenten zusammensetzt. Jedoch auch der Applikateur, der für die Bedatung elektronischer Steuergeräte verantwortlich ist, kann im Nachfeld auf die Fahrbarkeit eines Fahrzeugs bis zu einem gewissen Maße Einfluss nehmen.*

*Viele zentrale Forschungsarbeiten beschäftigen sich seit vielen Jahren mit der Entwicklung geeigneter Berechnungsmethoden für Testverfahren, um subjektive Fahrgefühlmuster in objektive Bewertungskriterien zu überführen. Eine klare Übereinstimmung zu finden stellt sich als sehr komplex dar, vor allem weil ein Fahrgefühl sich je nach Herkunftsland, Fahrbahnbeschaffenheit sowie Alter, Geschlecht und weiteren Faktoren unterscheiden kann. In [61] wird ein Ansatz vorgestellt, dass die Objektivparameter für die Fahrbarkeit unterteilt in 1. Federungskomfort, 2. Lenkreaktion*

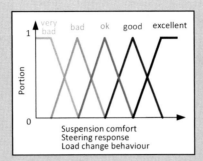

**Abb. 5.58** Gewichtung unterschiedlicher Lastanteile eines Fahrzyklus mithilfe der Fuzzy-Logik

*und 3. Lastwechselverhalten und eine gute Übereinstimmung mit subjektiven Parametern vorweisen kann. Die Kennwerte geben für eine Vielzahl von Fahrzeugklassen und durchgeführten subjektiven Messdaten von Fahrern Aufschluss darüber, wo die Angriffspunkte beim Fahrzeug liegen, so dass Optimierungsmaßnahmen konkret eingeleitet werden können.*

*Unterteilt man die drei Kategorien (Federungskomfort, Lenkreaktion, Lastwechselverhalten) in 5 Bewertungsstufen, ergibt sich eine sehr sinnvolle Anwendung zur hybriden Kombination einer Fuzzy-Logik (Abb. 5.58).*

## 5.6  Deep Learning

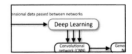

Als Deep Learning wird eine spezielle Lernmethode für künstlich neuronale Netze bezeichnet, die sich durch eine deutlich komplexere Struktur im Gegensatz zu den bisher diskutierten Netzen kennzeichnet. Grundsätzlich wird ein ANN per Definition auch als Deep Neural Network (DNN) bezeichnet, sofern sie mindestens zwei Hidden-Layer Ebenen besitzt. Neben DNNs fallen unter dem Begriff Deep Learning auch andere Formen von Netzwerken sowie das Convolutional Neural Network (CNN) das vorwiegend für die Bild- und Tonerkennung (image and sound recognition) eingesetzt wird [62].

Als Lernmethoden für neuronale Netze der Kategorie Deep Learning können sowohl das Supervised Learning Verfahren zur Klassifizierung und Regressionsbildung von bekannten Ein- und Ausgangsdaten (vgl. Abschn. 5.4.1), das Unsupervised Learning Verfahren zur Clustering und Association von nicht eindeutig gekennzeichneten Daten (vgl. Abschn. 5.4.2)

als auch das Reinforcement Learning, dass im Austausch mit einer Umgebung als Störquelle
(vgl. Abschn. 5.4.3) steht. Die gewählte Methode hängt ganz vom Anwendungsfall ab und
sollte vor Beginn einer Modellerstellung sorgfältig durchdacht werden.

### 5.6.1  Convolutional Neural Network (CNN)

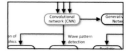

Convolutional Neural Networks (CNNs) gehören zu einer erweiterten Form von Netzwerken, die sich ähnlich zu ANNs aus Neuronen mit lernbaren Gewichten und einem Bias
zusammensetzen. Der grundsätzliche Unterschied liegt in der Anwendung dieser Netzwerke, CNNs gehen explizit davon aus, dass die Eingabe aus Grafiken besteht. Aus der
Konsequenz folgt, dass CNNs sich aus reinen Feed-Forward Verbindungen zusammensetzen, (siehe Abschn. 5.5.2). Für das Training der Gewichte wird in der Regel die Backward-
Propagation Methode angewendet, (siehe Abschn. 5.5.3).

Übliche ANNs sind ungeeignet um einzelne Neuronen auf die Pixel-Ebene von Vollbilder
zu skalieren. Eine einfache Grafik mit $32 \times 32$ Pixeln und 3 RGB-Farbcodes pro Pixel
würde 3072 Verbindungen (Gewichte) in der Hidden-Layer Ebene aufweisen, wenn man ein
Eingangsneuron durch alle Kombinationen vollständig verbinden würde. Geht man davon
aus, dass eine deutlich höhere Anzahl an Hidden-Layer erwünscht ist, um die Leistung des
Modells zu steigern und zudem Grafiken durchaus höhere Auflösungen vorweisen können,
so würde in der Summe die Anzahl an Gewichten die Rechenlast eines jeden üblichen
Computers sprengen. Eine vollständige Verbindung aller Kombinationen würde sich als
ineffizient erweisen.

CNNs unterteilen den 3-dimensionalen Pixelfarbcode einer komplexen Grafik in viele
kleine Segmente, die als Kaskaden bezeichnet werden. Fortan wird ein neuronales Netzwerk in Teilbereiche untergliedert – jeder Teilbereich repräsentiert eine Kaskade und wird
individuell antrainiert. Durch diese hocheffiziente Vorgehensweise kann die Anzahl an Verbindungen schlagartig reduziert werden. Hierdurch ergibt sich der weitere Vorteil, dass
Kaskaden bestimmter Bildbereiche spezielle Bildmerkmale antrainieren können, die bei der
Zusammenführung aller Kaskaden detailliertere Informationen über eine Grafik liefern.

### 5.6.1.1 Image Recognition

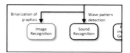

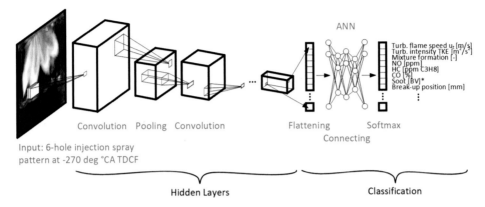

**Abb. 5.59** Kaskadenstruktur eines CNN-Verfahrens[7]

Image Recognition ist ein interdisziplinäres Wissenschaftsgebiet, das sich darauf konzentriert, Algorithmen anzutrainieren, um digitale Bilder, Videos oder Videosequenzen auf einer hohen Detailebene zu untersuchen. Dies umfasst Verfahren zum Erfassen, Verarbeiten, Analysieren und zum Extrahieren mehrdimensionaler, visueller Daten aus der realen Welt. Image Recognition kann interpretiert werden als eine Entschlüsselung symbolischer Informationen aus Bilddaten, die sich im inneren Kern aus Geometrie, Physik und Statistik konstruieren lassen. Prinzipiell ist die Methode des Image Recognition vergleichbar mit einer Klassifikation des Supervised Learning Verfahrens (siehe dazu Abschn. 5.4.1).

Aus einer Ingenieurs-Perspektive wird diese Wissenschaft genutzt, um Aufgaben zu automatisieren, die das menschliche Auge und das menschliche Gehirn aufgrund der Komplexität nicht erfassen können. Ein klassisches Problem der Bildverarbeitung besteht darin, zu bestimmen, ob Bilddaten bestimmte Objekte, Merkmale oder Bildfolgen enthalten. Hierzu wird der Prozess der Bilderkennung in unterschiedliche Kaskaden unterteilt.

Am Beispiel einer Bilderkennung soll die Transformationskette und Prozessverarbeitung eines CNN verdeutlicht werden. Zu diesem Zwecke wird für einen DI-Ottomotor eine optische Messung der Einspritz-Charakteristik einer 6-Loch Einspritzdüse zum Zeitpunkt 270° Kurbelwinkel vor dem oberen Totpunkt als Momentaufnahme in das Netzwerk eingespeist.

In Abb. 5.59 erkennt beispielsweise die erste Schicht des CNN die Anzahl an Einspritzdüsen, eine zweite Schicht setzt sich mit den Einspritzwinkeln auseinander, eine weitere Schicht mit der geometrischen Limitierung durch die Brennraumwände, eine Schicht mit dem Turbulenz-Zerfall der Einspritzung usw. Weiterhin können optische Messungen durch die Anwendung von Filtern zum Beispiel durch eine Illuminierung nachbearbeitet werden, so dass weitere Schichten gesondert charakteristische Merkmalen der Verbrennung sowie Temperaturverteilung, Brenngeschwindigkeit und Emissionen bzw. Rußpartikeln etc. besser interpretieren können. [63]

---

[7] BV=Blackening Number oder smoke degree.

In der dargestellten Kaskade folgt nach Eingabe der Momentaufnahme der Hidden-Layer Prozess, innerhalb dessen in abwechselnder Reihenfolge ein Convolution- und ein Pooling Prozess zum Aufschlüsseln erwünschter Merkmale erfolgen. Ist dieser Prozess abgeschlossen, folgt anschließend der Klassifikations-Prozess. Hier werden die Ergebnisse einer Matrix in eindimensionale Vektoren übertragen und in eine Softmax überführt.

**Der Hidden-Layer Prozess**
Convolution ist eine der Hauptbausteine eines CNN. Der Begriff Verschachtelung rührt aus der mathematischen Zusammenführung unterschiedlicher Informationssätze für die Erzeugung einer Funktion. Durch die Anwendung von Filter werden sogenannte Merkmalskarten erzeugt. Jeder Eingangsknoten wird einer Matrixmultiplikation unterzogen und das Ergebnis auf die Merkmalskarte projiziert bzw. aufsummiert. Speziell in der Bildverarbeitung setzen sich die Matrizen aus den 3 Dimensionen Höhe, Breite und Tiefe zusammen, die Inhalte entsprechen den Rot-Grün-Blau (RGB)-Farbcodes.

Die folgende Abbildung soll am Beispiel einer Matrix die Projektion eines Pixel-Code Bereiches darstellen, die über einen Convolution-Filter auf eine Ergebnismatrix projiziert wird (Abb. 5.60).

In einem Hidden-Layer Prozess wird die Eingabe zahlreicher Faltungen unterzogen, wobei jede Faltung unterschiedliche Filter annehmen kann. Hierdurch ergeben sich unterschiedliche Merkmalskarten. Letztlich werden alle Merkmalskarten als Summe aller Faltungsschichten in einer Ausgabematrix zusammengeführt. Wie bei allen neuronalen Netz-

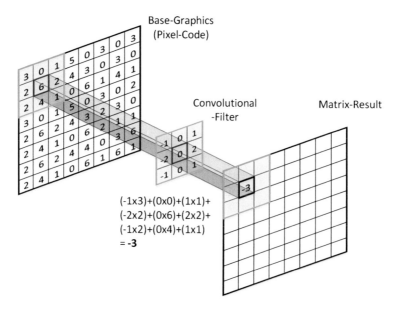

**Abb. 5.60** Konvertierung eines RGB-Pixelcodes durch einen Convolution-Filter (Faltungsprozess)

**Abb. 5.61** Pooling-Verfahren
zur Datenfilterung [64]

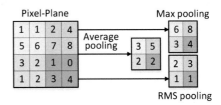

werken werden auch hier Aktivierungsfunktion verwendet, um nichtlineare Funktionen zwischen Ein- und Ausgabe zu gestalten. Eine übliche Aktivierungsfunktion, die gewählt wird, ist die Relu-Funktion, siehe dazu rückblickend Abb. 5.32.

Da die Größe einer Merkmalskarte durch eine Faltung kleiner wird als die ihrer Eingabematrix, muss ein Zwischenschritt eingeleitet werden, um die ursprüngliche Größe wiederherzustellen. Hierfür wird die Padding-Methode (Auffüllen) herangezogen, wodurch der wegfallende Rahmen der Ergebnismatrix mit Nullen aufgefüllt wird.

Nach der Faltung und dem Padding wird der weitere Prozess namens Pooling durchgeführt. Dieser hat die Funktion, die Ergebnismatrix zu glätten und mögliche Irregularitäten oder Ausreißer zu entfernen. Zudem wird hierdurch die Dimension der Matrix kontinuierlich verkleinert, was die Rechenlast des Netzwerks verringert. Für das Pooling werden in der Literatur verschiedene Ansätze vorgestellt. Zu den wichtigsten gehören das Average Pooling (Projektion des Mittelwertes), das Max Pooling (Projektion des Maximalwertes) und das RMS-Pooling (Projektion des quadratischen Mittelwertes) wie im hier zusammengefasst (Abb. 5.61).

**Der Classification-Prozess**
Der Classification-Prozess dient hauptsächlich dazu, die Ergebnisse des Hidden-Layer Prozesses in fassbare Größen zu überführen. Nach Abb. 5.59 ist dieser Bereich unterteilt in Flattening, Connection und Softmax.

Die Softmax-Funktion stammt aus der Mathematik und hat die Aufgabe, absolute Zahlen unterschiedlicher Merkmale und Einheiten übergreifend zu normalisieren. Der Normalisierungsprozess projiziert alle Zahlen auf den Wertebereich [0,1] so dass diese als Wahrscheinlichkeiten interpretiert werden können. Folglich erhält man als Ergebnis eines CNN-Verfahrens eine aufgeschlüsselte statistische Analyse. Wichtig ist, dass durch einen solch intensiven Lernprozess das Netzwerk eigenständig in der Lage ist zu entschlüsseln, welche Funktionen auf welcher Ebene optimal platziert werden müssen. Hierdurch lernt jede Ebene ihre Eingabedaten in eine abstraktere und aufeinander abgestimmte Darstellung umzuwandeln. Ist eine statistische Analyse nicht erwünscht, kann der Wertebereich der Ausgabe ebenso auf die ursprüngliche Einheit zurück transformiert werden.

Image recognition ist inzwischen ein weitreichender Begriff, der eine Vielzahl von Technologien vereint. Zu einer der prominenteren Anwendungen gehört das Prinzip der **Identification (Identifikation)**. Hierbei ist es von Interesse, einzelne Merkmale eines Objekts zu identifizieren, um sie beispielsweise mit weiteren Merkmalen aus einer Datenbank gegenüber zu stellen. Die Identifikation durch das Scanning von QR-Codes, von Augen (Iris-Scan), Fingerabdruck oder von Handschriften gehören zu den bekanntesten Anwendungen.

**Object recognition (Objekterkennung)** oder **Objekt classification (Objektklassifizierung)** gehören zu den Methoden, die darauf abzielen, einzelne oder eine Mehrzahl definierter Objekte oder Objektklassen innerhalb einer Graphik zu identifizieren. Blippar, Google Goggles und LikeThat sind Beispiele für eigenständige Softwareprodukte in diesem Segment.

Eine Unterkategorie davon namens **Shape Recognition (Formerkennung)** beschäftigt sich mit der Untersuchung von Klassenmerkmalen im engeren Sinne. Anders als bei der Object recognition werden hier verschachtelte Ebenen analysiert und unterschieden sowie beispielsweise Kopf, Schulter, Arme etc. bei einem Abbild einer Person oder von Tieren zu denen auch die abgewandte Form **Face recognition (Gesichtserkennung)** zählt.

**Graphics Detection (Bilderkennung)** ist eine Methode, die Bilder zur Identifizierung spezieller Merkmale scannt. Sie wird vor allem dafür eingesetzt, um Teilbereiche interessanter Bilddaten zu analysieren und daraus konkrete Interpretationen bzgl. des Inhaltes zu schlussfolgern. In der medizinischen Anwendung umfasst dies beispielhaft die Erkennung möglicher mutierter Zellen oder abnormalem Gewebe von hochauflösenden CT oder MRT Aufnahmen.

**Content-based image retrieval (Inhaltsbasiertes Abrufen von Bildern)** basiert auf einem schnellen Suchalgorithmus, der in der Lage ist, einen riesigen Pool an Bildern (Beispiel: kursierende Internetdaten) auf bestimmte Inhalte zu überprüfen. Das Suchkriterium kann lauten, Bilder mit einer Ähnlichkeit zu einem Referenzbild zu ersuchen oder auch durch Eingabe eines beliebigen Suchkriteriums (Beispiel: Suche alle Bilder ab worin sich Tiere befinden).

Neben den genannten Kategorien gibt es eine Vielzahl von weiteren anwendungsbezogenen Möglichkeiten sowie das **Pose estimation (Posenschätzung)**, für das Schätzen von Ausrichtungen bestimmter Objekte relativ zur Kamera (Beispiel: Unterstützung eines Roboterarms beim Abrufen von Objekten von einem Förderband für industrielle Anwendungen), **Motion Analysis (Bewegungsanalyse)** zur Erkennung von bewegten Bildern (Videoaufnahmen) etc. [65, 66]

Folgend werden Anregungen durch Beispiele gegeben, wie Techniken des Image Recognition für die Antriebsentwicklung zielorientiert eingebracht werden können.

**Beispiel 12: Einfluss der Einspritzcharakteristik auf Verbrennung und Emissionen**

*Das image recognition bietet sich dafür an, eine Vielzahl von Graphiken in ihre Merkmale aufzugliedern, um daraus Rückschlüsse auf ihre Inhalte zu ziehen. Ein Themengebiet aus dem Bereich der Antriebsentwicklung, welches sich hierfür hervorragend eignet, ist die Auswertung und Verarbeitung optischer Messungen mit Hilfe von hochauflösenden Nieder- und Hochgeschwindigkeitskameras. Um auf die Kaskadendarstellung des vorweggenommenen Beispiels aus Abb. 5.59 zurückzugreifen, wird hier vorgestellt, inwiefern große Datensätze von Momentaufnahmen von*

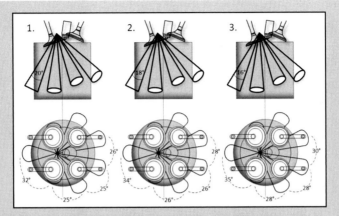

**Abb. 5.62** Geometrien dreier unterschiedlicher Kraftstoffinjektoren

*Einspritzkegeln verwendet werden können, um neuronale Netzwerke anzutrainieren. Drei unterschiedliche Injektoren mit den folgend dargestellten Geometrien stellen die Basis für vorangehende optische Messungen dar* (Abb. 5.62).

*Die Trainingsphase eines CNN wird mit insgesamt 750 Aufnahmen durchgeführt. Hierbei fallen auf jeden Injektor eine Messreihe mit 50 Kurbelwinkel-diskreten Aufnahmen. Die Last, die am optischen Prüfstand gefahren wird liegt zwischen 0–40 % der Maximallast. Die folgenden Aufnahmen stellen das Ergebnis einer Messreihe dar. Links zu sehen ist eine Standardaufnahme, rechts ist ein spezieller Farbfilter zur Hervorhebung bestimmter Bildmerkmale angewendet, um die spätere Erkennung zu vereinfachen* (Abb. 5.63).

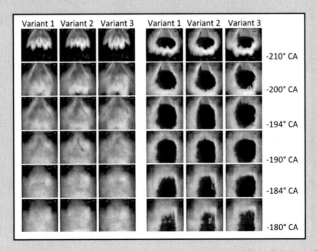

**Abb. 5.63** Optische Messungen der Einspritzung für unterschiedliche Injektor-Geometrien

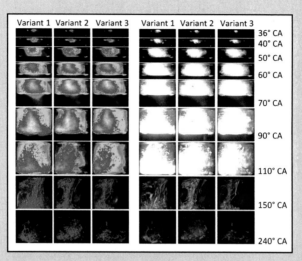

**Abb. 5.64** Verbrennungsoptik: Anwendung von Fluoreszenz-Filter zur Verstärkung von Bild-merkmalen: Diffusionsflamme (links) und Rußbildung (rechts)

*Die Ergebnisse der Verbrennung aus den hervorgehenden Einspritzvariationen sind folgend dargestellt. Auch hier werden zur Verstärkung der Bildmerkmale Filter eingesetzt* (Abb. 5.64).

*Schließlich werden für die Trainingsphase des CNN gewünschte Größen sowie Turbulenz, Mischung, Emissionen o. Ä., die über eine Messtechnik ermittelt wurden, mit den Aufnahmen in Relation gesetzt* (Abb. 5.65).

*Zur Validierung des Modells werden stets am Training unbeteiligte Aufnahmen herangezogen. Prinzipiell ist es möglich, das Verfahren umzukehren. Hierbei würde das CNN bei Vorgabe gewünschter Ausgangsgrößen Aufnahmen von Einspritzcharakteristiken und den entsprechenden Verbrennungen generieren. Das Modell ist hierdurch in der Lage, konkrete Vorschläge zu liefern, wie die geometrische Beschaffenheit von Injektoren auszusehen hat, um gewünschte Zielwerte einzuhalten.*

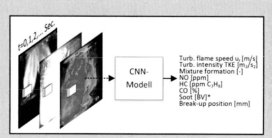

**Abb. 5.65** CNN zur Vorhersage spezifischer Größen (Turbulenz, Mischung, Emission, etc.)

**Beispiel 13: Strömungssimulation**

*In diesem Beispiel wird ein CNN für den Einsatz für 2D/3D Strömungsberechnungen entwickelt. Das Hauptaugenmerk liegt darauf, dass es prinzipiell realisierbar ist, transiente also zeitlich veränderliche Phänomene von Newton'schen Strömungen vorherzusagen.*

*Sofern ein neuronales Netzwerk mit den erforderlichen Eingängen bedatet wird, ist es prinzipiell möglich, Schergeschwindigkeiten, die proportional zu Scherspannungen verlaufen sowie das viskose Verhalten, das den Gleichungen von Navier-Stokes gehorcht, umzusetzen. Gelingt dies auf qualitativ hochwertiger Übereinstimmung mit klassischer 3D-CFD Berechnung, können massive Zeit- und Kostenersparnisse herbeigerufen werden, die Prinzip bedingt durch die hohe Berechnungsdauer den Flaschenhals von Entwicklungsprozessen bilden. Rückblickend hat Abb. 4.16 die Verhältnisse der Rechenzeiteinsparungen, die mit KI gegenüber klassischen Methoden möglich ist, qualitativ dargestellt.*

*Am Beispiel einer Platte mit variablen Dimensionen in Höhe, Länge und Breite wird eine Luftströmung untersucht, die über den Eingang (oben rechts) ein- und unten links am Ausgang wieder ausströmt, siehe dazu Abb. 5.66. Die Strömungssituation wird dadurch verändert, dass ein kreis- oder Ellipsenförmiger Einschnitt in die Platte vorgenommen wird. Dieser Einschnitt wird auf dem Koordinatensystem innerhalb der Platte verschoben und im Falle einer Ellipse beliebig rotiert, um sämtliche Effekte der Strömungsumlenkung zu trainieren.*

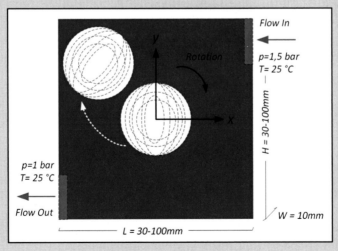

**Abb. 5.66** Trainingsphase einer Plattendurchströmung mit variabler Geometrie (variable kreis- oder ellipsenförmige Einschnitte)

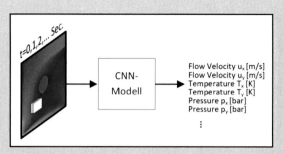

**Abb. 5.67** CNN zur Erzeugung zeitdiskreter Ausgaben von Strömungsergebnissen

*Anschließend wird jede Variante durch 3D-CFD Simulation berechnet. Die Ergeb-nisse der Berechnung liefern zeit-diskrete Momentaufnahmen, die für das Training des CNN herangezogen werden (insgesamt 5000 Bilder).*

*Abb. 5.67 stellt die prinzipielle Struktur des Modells dar. Mit 3D-CFD ermittelten Strömungsdaten wird das CNN Modell antrainiert woraus zeitdiskrete Ergebnisse für den Geschwindigkeitsvektor $(u_x, u_y)$ den Temperaturvektor $(T_x, T_y)$ und den Druck-vektor $(p_x, p_y)$ ermittelt werden. Der 6-dimensionale Ausgabevektor $(u_x, u_y, T_x, T_y, p_x, p_y)$ reflektiert in jedem Koordinatenpunkt den Strömungszustand.*

*Anders als in der Trainingsphase, die aus der Generierung von Strömungsbildern von Platten mit einem einzelnen Einschnitt besteht, werden in der Validierungsphase unter anderem auch Platten mit zwei oder mehreren Einschnitten untersucht. Dies verhilft zu verstehen, inwiefern das CNN Modell flexibel und in der Lage ist, neue und vorher unbekannte Ebenen zu adaptieren. Folgend werden für die Validierung 3 unterschiedliche Platten vorgestellt, alle mit den Dimensionen $(x = y = 50\,mm, z = 10\,mm)$ (Abb. 5.68)*

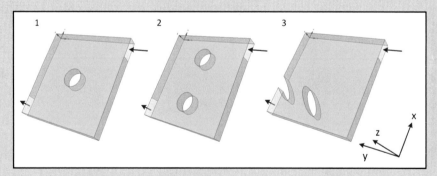

**Abb. 5.68** Validierung des CNN-Modells anhand von durchströmten Platten mit unterschied-lichen Einschnitten

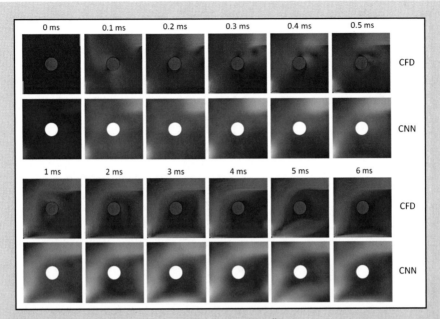

**Abb. 5.69** Plattenströmung mit zentraler, kreisförmiger Öffnung im Vergleich: CNN gegenüber 3D-CFD

*Abb. 5.69 stellt das Ergebnis des CNN-Modells für die Plattenvariante 1 mit einem zentralen Locheinschnitt der 3D-Strömungsberechnung (CFD) gegenüber. Das CNN Modell generiert hierbei transiente Strömungsbilder von 0 ms–6 ms. Beachtlich ist, dass es in der Lage ist, wiederkehrende Strömungsfluktuationen (vgl. 4 ms–6 ms), die in einer Phase des Strömungsaufbaus vor Erreichen einer Konvergenz eintreten, nachzubilden.*

*Am Beispiel der Plattenvariante 2 wird deutlich, dass die Interaktion der Strömung auf 2 Locheinschnitte übertragbar ist, sodass sich auch hier im Vergleich zur CFD-Berechnung realistische Momentaufnahmen generieren lassen (Abb. 5.70).*

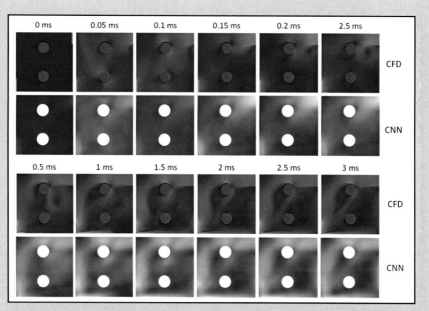

**Abb. 5.70** Plattenströmung mit zwei kreisförmigen Öffnungen auf der Querachse im Vergleich: CNN gegenüber 3D-CFD

*Schließlich zeigt die Validierung an der Plattenvariante 3, dass die Strömung selbst entlang komplexer und unsymmetrischer Einschnitte (hier Ellipsen-Formen) von denen eine an der Plattenkante angrenzt, qualitativ nachgestellt werden können. Auch hier als beachtlich anzumerken sind durch das Training angelernte Effekte von Kurzschlussströmungen, die sich in den Momentaufnahmen zwischen 0,5 ms–3 ms widerspiegeln (Abb. 5.71).*

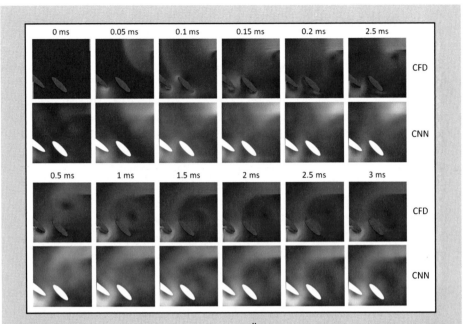

**Abb. 5.71** Plattenströmung mit asymmetrischen Öffnungen im Vergleich: CNN gegenüber 3D-CFD

### 5.6.1.2 Sound Recognition

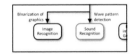

Die Schallerkennung gehört seit über 120 Mio. Jahren zu den primitiven Überlebensinstinkten aller Lebensarten. Die Empfindlichkeit und Leistungsfähigkeit des Hörsinns kann dabei sehr unterschiedlich sein. Sprache und Gehör bilden gemeinsam die Fähigkeit einer Kommunikation und je nach Lebensart und Lebensumfeld ist der Hörsinn evolutionär angepasst, um die Kommunikationsfähigkeit innerhalb individueller Arten zu ermöglichen und das auditive Erkennen von natürlichen Feinden zuzulassen.

Das Zusammenspiel von Gehör und dem Gehirn als zentrale Verarbeitungseinheit ermöglicht Schall auf unterschiedliche Merkmale zu charakterisieren. Unter der Lokalisation eines Schalls wird das Erkennen der **Schallrichtung** sowie der **Schallentfernung** vereint. Als Indiz für die Bestimmung der Entfernung spielt der Schallpegel bzw. Pegelunterschiede verschiedener Schallquellen relativ zueinander eine bedeutende Rolle. Das **Frequenzspek-**

**trum** des Schalls erteilt die Information über die Schallquelle selbst und kann zusätzlich für die Entfernungsbestimmung hilfreich sein, insofern beispielsweise ein entferntes Geräusch als dumpf wahrgenommen wird. Zu einem weiteren Merkmal zählt die **Beweglichkeit** eines Schalls die wahrgenommen wird, während eines der genannten Merkmale sich relativ zum Hörer verändert.

Tonerkennung ist ein Jahrzehnte altes Gebiet der Wissenschaft, das sich traditionell mit Mustererkennungstheorien beschäftigt. Die dahinterliegenden Analyseverfahren nutzen Algorithmen zur Datenverarbeitung, Merkmalsextraktion- und Klassifizierung von Schall. In jüngster Zeit hat das Gebiet von den Fortschritten der künstlichen Intelligenz enorm profitiert. Speziell die Datenansammlung über das Big-Data-Verfahren als statistisches Mittel zur Analyse von Realdaten hat sich als hoch effizient erwiesen. In Kombination mit der Deep Learning Netzwerktyp (CNN) entwickelt sich Sound Recognition heute zu einer modernen Technologie heran, die darauf abzielt, die Verarbeitung eines Schalls nach Vorstellung menschlicher Verarbeitungsprozesse zu lösen. Dies geschieht durch Nachahmung neuronaler und biochemischer Mechanismen, die dem unbewussten Denken zugrunde liegen. Die Leistungsstärke moderner Computer hilft beim Verarbeitungsprozess die Leistung eines menschlichen Gehirns bei Weitem zu übertreffen.

**Klassisches Tonerkennungsverfahren**
Abb. 5.72 zeigt eine klassische Abfolge unterschiedlicher Techniken zur sequentiellen Entschlüsselung und Klassifizierung von Merkmalen eines Tonsignals aus dem Zeitbereich. [67]

**Abb. 5.72** Klassische Tonerkennung: Sequentielle Extraktion einzelner Tonmerkmale

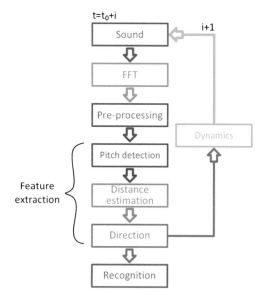

Sound

Bei einem klassischen Tonerkennungs-Prozess steht vorne an die Tonaufnahme. Ein Mikrofon empfängt einen Ton als wellenförmiges Zeitsignal. Je hochwertiger die Aufnahme,
desto einfacher lässt sich der Erkennungsprozess gestalten. Störgeräusche und Hintergrund-
geräusche oder etwa Raumhall sind unerwünschte Effekte, die den Ton stören und den
späteren Erkennungsprozess erschweren. Auch die Qualität der Transduktionseinheit im
Mikrofon (Konvertierung eines Schalldrucks in ein elektrisches Signal) kann einen großen
Einfluss auf die Qualität der Tonaufnahme haben.

FFT

In wenigen Fällen können Informationen eines zeitlichen Tonsignals ausreichend sein, um
daraus Merkmale zur Tonerkennung zu extrahieren. Die Variabilität und die daraus resul-
tierende Komplexität von Geräuschen allerdings erfordert in aller Regel die Durchführung
einer Fast Fourier Transformation (FFT) und die Überführung des zeitlichen Signals in seine
Spektralebene. Daraus erhält man alle relevante Frequenzordnungen mit den zugehörigen
Amplituden und Phaseninformationen, womit die Charakteristik eines Tonsignals hergestellt
wird, siehe dazu rückblickend Abschn. 3.5. Vorgesehen ist die FFT für periodische Signale
mit einer festen Periodenlänge. Ist ein aufgenommener Ton veränderlich (dynamisch), so
muss eine feste Periodenlänge aus dem Tonsignal herausgeschnitten werden.

Pre-processing

Das Pre-processing spielt eine wichtige Rolle bei der Beseitigung irrelevanter Quellen auf
der Tonspur was im Späteren die Genauigkeit der Tonerkennung erleichtert. Es umfasst die
Filterung von Grundrauschen, die Glättung dynamischen Störrauschens, Endpunkterken-
nung zur periodischen Abschließung eines Tonsignals (bei nicht-periodischen Signalen),
die Bestimmung einer geeigneten Fensterfunktion sowie die Unterdrückung von Nachhall
und Echo.

Pitch Detection

Zur Charakterisierung dominanter Töne wird die Tonhöhenerkennung eingesetzt. Diese stellt
sicher, dass nur Frequenzen mit hoher Energiedichte im Vergleich zu anderen im Gesamt-
spektrum aussortiert werden. Die Berücksichtigung des gereinigten Spektrums kann für die
Klassifikation einer Geräuschquelle von wichtiger Bedeutung sein.

Distance estimation

Die Distanz zwischen dem Mikrofon und der Schallquelle, vor Allem bei bewegten Schallquellen, kann über den Schalldruckpegel geschätzt werden. Hierzu wird eine Relativberechnung in Bezug zu Hintergrundgeräuschen vorgenommen, sofern diese vorhanden sind.

Direction

Ist eine Schallquelle beweglich, so kann es ebenso von Interesse sein, die Bewegungsrichtung relativ zum Mikrofon zu berücksichtigen. Dies lässt sich dann realisieren, sofern mehrere Mikrofone (mindesten 2) in entgegengesetzte Richtungen angebracht sind, sodass über die relative Veränderung der unterschiedlichen Schalldruckpegel argumentiert werden kann.

Dynamics

In der Prozessphase „FFT" wurde das Problem der Periodizität eines Tonsignals als Voraussetzung für eine Fourier Synthese erwähnt. Ist ein Ton nicht periodisch, so kann dieses Problem in der letzten Phase durch eine Aneinanderreihung vieler nicht-periodischer Signale der FFT behoben werden. Als Ergebnis entsteht ein quasi-kontinuierliches Gesamtbild eines Tons, wodurch auch zeitlich veränderliche Signale untersucht und bewertet werden können.

**Tonerkennung über KI**

Die Tonerkennung auf Basis von neuronalen Netzwerken entspricht im Prinzip der Vorgehensweise einer Klassifikation der Supervised Learning Methode (siehe dazu Abschn. 5.4.1). Während CNNs nur Graphiken als Eingänge erlauben, wird Sound Recognition mit denselben Prinzipien des Image Recognition durchgeführt. Nachdem ein akustisches Tonsignal mithilfe der FFT Methode in ein Spektrogramm, also in eine graphische Darstellung überführt wurde, kann anschließend ein CNN-Verfahren angewendet werden. Abb. 5.73 stellt genau diese Prozessabfolge dar [68].

NVH (noise vibration and harshness), also die akustische Datenerfassung und Analyse von Körperschall und Luftschall ist eine der großen Themenfelder in der Entwicklung von Kraftfahrzeugen und bietet für das Sound Recognition weitreichende Anwendungspotentiale. Einige bedeutsame Anwendung seien folgend aufgeführt:

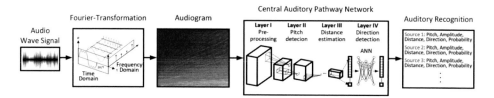

**Abb. 5.73** Sound Recognition: Sequentielle Extraktion einzelner Tonmerkmale durch CNN

- Karosserie und Fahrwerk
  - NVH und Strukturdynamik für Karosserieschwingungen speziell für Leichtbau-Komponenten im mittleren Frequenzbereich
  - Eigenwertanalysen von Bremsen
  - Abrollgeräusche im Innenraum und bei der Vorbeifahrt abhängig von Reifenprofil und Radaufhängung
  - Aeroakustik: Hörbare Schwingungen im Fahrzeuginnenraum infolge von Außenströmungen und Schalldrücke
- Antriebsstrang
  - Motorakustik, Drehschwingungsdämpfer und Einspritzsysteme
  - Ventiltrieb
  - Getriebe und Differenzial
- Elektromobilität und Fahrzeugelektronik
  - Elektrischer Antrieb, Batterie und Leistungselektronik (PCU)
  - Elektronikplatinen und Steuergeräte ECU, GCU

Voice Recognition wird bereits seit vielen Jahren in der Kriminalfahndung zum automatisierten Abgleich von hinterlegten Daten eingesetzt. Weiterhin zur Identifikationsüberwachung, für Alarmsysteme sowie zur Personenidentifikation bei Banken. Akustische Ozeanographien und die Wissenschaft von Tiergeräuschen und Kommunikationsverhalten hat Sound Recognition im letzten Jahrzehnt große Erkenntnisse erbracht. Konventioneller im Gebrauch sind natürliche Spracherkennungssysteme wie Siri und Alexa oder Music Recognition Applikationen wie Shazam und Soundhound, die sich denselben Techniken der künstlichen Intelligenz bedienen.

> **Beispiel 14: Antriebsakustik**
> *Das Themengebiet der Antriebsakustik bietet weite Anwendungsmöglichkeiten für das Sound Recognition Verfahren. Dies rührt daher, dass akustische Messdaten durchaus einfach zu generieren aber spektrale Analysen nur unter hohem Aufwand differenzierbar sind. Je nach Messsignal können diese von einem unterschiedlichen Niveau an Unschärfe infolge von Messrauschen geprägt sein. Ein Akustikingenieur steht somit oftmals vor der Aufgabe, Messsignale, welche sich aus einer Superposition verschiedener Geräuschquellen zusammensetzten, in ihre Einzelteile aufzuschlüsseln. Mithilfe von Vorerfahrungen können Komponenten spezieller Frequenzspektren einer Geräuschquelle zugewiesen werden – die Aufgabe erlangt dann an Komplexität, wenn durch destruktive Interferenzen Signalquellen ausgelöscht werden, die nicht mehr wiederherzustellen sind.*
>
> *Wie im nächsten Beispiel zu sehen ist, wird einem CNN das Frequenzspektrum einer Tonaufnahme eingespielt die an einem Motor gemessen wurde. Das Modell ist*

in der Lage, alle überlagerten Töne voneinander zu separieren und Einzelsystemen zuzuordnen. Weiterhin ermittelt es einzelne Geräuschquellen, wie am Beispiel des Turboladers und ordnet diese speziellen Frequenzbereichen zu. Das Tonsignal wird folglich vollständig charakterisiert was dem Akustikingenieur ermöglicht eine ausführliche Vordiagnose über das vorhandene System zu erlangen (Abb. 5.74).

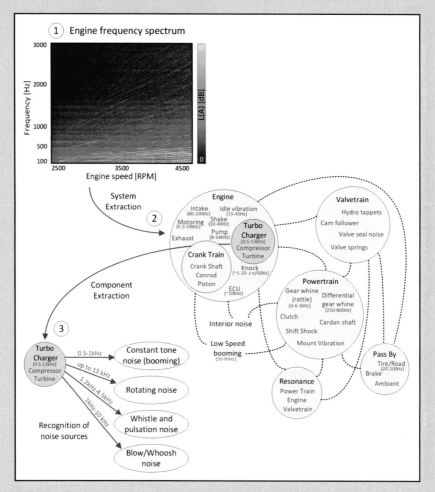

**Abb. 5.74** Sound Recognition angewendet an ein Frequenzspektrum eines Motors zum Erkennen Turbolader spezifischer Geräusche

## 5.6.2   Generative Adversarial Network (GAN)

Generative Adversarial Networks (GAN) gehören zu einer weit fortgeschrittenen Gruppe von Algorithmen, die im Jahre 2014 von einem US-amerikanischen Computerwissenschaftler namens Ian Goodfellow entwickelt wurde und sich für Anwendungen im Bereich künstlicher Intelligenz beachtlich schnell etabliert hat. Das Konzept, das ursprünglich auf der Supervised Learning Methode basierte, hat sich inzwischen ebenfalls für Unsupervised- und Reinforcement Learning als sehr leistungsstark erwiesen. Die Besonderheit eines GANs liegt darin, dass hier zwei neuronale Netzwerke zeitgleich zum Einsatz kommen – ein sogenannter **Generator** und ein **Diskriminator.** Diese Netzwerke stehen sich gegenüber im wechselseitigen Konkurrenzspiel – während das generative Netzwerk synthetische Daten generiert, also Daten die nicht der Realität entstammen, werden dem System zeitgleich reale Daten mit eingespielt. Der Diskriminator steht vor der Herausforderung, den Dateneingang zu bewerten und diese auf Echtheit zu prüfen. Das Wechselspiel dieser neuronalen Netzwerke verspricht ein hochgradig effizientes und autonomes Training.

Während der Diskriminator einen gegebenen Eingang in eine Kaskadenstruktur unterteilt, um auf unterschiedlichen Ebenen eine Merkmal Charakterisierung durchzuführen, ist die Arbeitsweise des Generators gegensätzlich. In jeder Merkmalebene ist er in der Lage über eine reziproke Convolution Eigenschaften zu verändern. Hier am Beispiel von mikroskopischen Bruchstrukturen eines Metallwerkstoffs dargestellt (Abb. 5.75).

**Abb. 5.75** Vergleich Kaskadenstruktur des Diskriminators (oben) und des Generators (unten) an mikroskopischen Bruchstrukturen eines Metallwerkstoffs

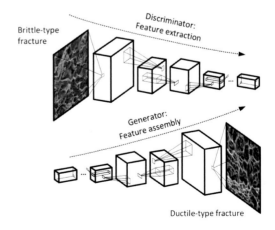

Der GAN-Prozess wird aufgrund der dargestellten Arbeitsweise als ein Wettbewerb interpretiert. Das Trainingsziel des generativen Netzwerks besteht darin, die Fehlerrate des diskriminativen Netzwerks zu erhöhen, d. h. das Diskriminator-Netzwerk zu „täuschen", indem Daten erzeugt werden, die realistisch erscheinen, so dass der Diskriminator sie als nichtsynthetisiert einstuft.

Wird der Diskriminator mit einem realen und einem synthetisch generierten Bild eingespeist, so generiert er als Ausgangssignal eine Funktion $D(x)$, die einer Wahrscheinlichkeit $x$ entspricht und aussagt, ob der Eingang einem realen Bild entspricht oder nicht. Das Ziel ist es, die Funktion $D(x)$ zu maximieren. Zur Messung eines repräsentativen Ergebnisses wird die Kreuzentropie-Funktion herangezogen.

$$\max_D V(D) = E_{x_{t+1} \sim p_{data}}(x_{t+1})[log D(x_{t+1})] + E_{z \sim p_{noise(z)}}[log(1 - D(G(z)))] \quad (5.19)$$

Der Generator hingegen versucht Bilder zu generieren mit denen er ebenfalls einen größtmöglichen Wert für $D(x)$ erzeugt.

$$\min_G V(G) = E_{z \sim p_{noise(z)}}[\log(1 - D(G(z)))] \quad (5.20)$$

Zusammenfassend wird ein GAN oftmals als ein MinMax-Spiel interpretiert, wobei der Generator $G$ die Funktion $V$ zu minimieren und der Diskriminator $D$ sie zu maximieren versucht (Abb. 5.76).

$$\min_G \max_D V(D, G) = E_{x_{t+1} \sim p_{data}}[\log D(x)] + E_{z \sim p_{noise(z)}}[\log(1 - D(G(z)))] \quad (5.21)$$

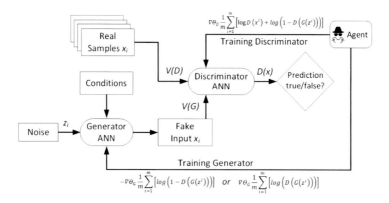

**Abb. 5.76**  Arbeitsprozess des GAN

Die Überwachung und das Training werden hier von einem Agenten gesteuert. Für eine Sample-Matrix (Eingangsmatrix) $[x]$ mit m Dimensionen $x_1, x_2, \ldots, x_m$ und einer Noise-Matrix (Störmatrix) $[z]$ mit m Dimensionen $z_1, z_2, \ldots, z_m$ liefert ein Agent die folgende Gleichung an den Diskriminator:

$$\nabla \Theta_D \frac{1}{m} \sum_{i=1}^{m} [log D(x^i) + log(1 - D(G(z^i)))] \tag{5.22}$$

Der Generator hingegen wird mit der folgenden Gleichung überwacht:

$$- \nabla \Theta_D \frac{1}{m} \sum_{i=1}^{m} [\log(1 - D(G(z^i)))] \tag{5.23}$$

Mit der Gradientenabstiegsmethode stößt man schnell auf das Problem, dass der Diskriminator den Generator aufgrund seiner stärkeren Funktionsgewichtung frühzeitig besiegt, was bedeutet, dass im frühen Trainingsstadium nicht-reale von realen Bildern schnell unterschieden werden können. Um dieses Problem zu beheben, bietet es sich an, das GAN mit einer alternativen Funktion zur Rückübertragung der Gradienten zu programmieren [69]:

$$\nabla \Theta_D \frac{1}{m} \sum_{i=1}^{m} [\log(D(G(z^i)))] \tag{5.24}$$

GANs werden derzeit noch vorwiegend im Bereich der Bildverarbeitung und Bildgenerierung eingesetzt. Zu den bekanntesten Anwendungen gehört die realistische Generierung von Photographien menschlicher Gesichter, Manipulation menschlicher Posen, das „Foto-Aging" was von vielen Handy-Applikationen verwendet wird. Im Cartoon-Bereich werden GANs verwendet, um neue Charaktere zu erzeugen, im Bereich Modedesign, um Vorschläge für neuartige Schnittmuster und Designs und frische Inspirationen zu kreieren. Im Internet kursieren Kunstwerke, die mithilfe bestehender Werke berühmter Künstler synthetisch erzeugt wurden und ihnen verblüffend ähnlich sind. Im technischen Design werden GANs in der Modellierung von 3D-Objekten eingesetzt, um Varianten neuer Systeme von Objekten zu generieren, die frische Denkimpulse schaffen, wie beispielsweise in der Entwicklung von Sportprothesen.

**Beispiel 15: Applikation von elektronischen Steuergeräten**
*In der Antriebsentwicklung lässt sich der Grundgedanke der synthetischen Datengenerierung hervorragend in der Grundapplikation von Steuergeräten, in der Applikation von Hybridstrategien oder Leistungsapplikation von GCUs und PCUs übertragen. Hierfür werden grundsätzlich riesige Datenmengen benötigt, um unterschiedliche*

*stationäre und transiente Betriebsbereiche abzudecken. Bei einem Verbrennungsmotor beginnt üblicherweise eine Grundapplikation bei der Abbildung des Luftpfades für den stationären Zustand. Hierzu wird der Luftmassenstrom dargestellt als Funktion von 1. Einlasssteuerzeit 2. Auslasssteuerzeit, 3. Ladedruck im Einlasskrümmer, 4. Wastegate-Position, 5. Drosselklappenstellung 6. Motordrehzahlen. Dies wird zudem für unterschiedliche 7. Umgebungstemperaturen und 8. Umgebungsdrücke vorgenommen. Die strategische Vorgehensweise kann je nach Hersteller voneinander abweichen. Aufgrund der hier dargestellten 8-dimensionalen Systems, ergeben sich bei einer sehr groben Unterteilung aller Parameter in jeweils 5 Unterteilungen bereits $5^8 = 390.625$ Kombinationen. Selbst für moderne Space-Filling-Methoden (siehe dazu rückblickend Abschn. 4.3) werden oftmals der Mess- und Simulationsaufwand für eine gründliche und fehlerfreie Applikation gesprengt.*

*Das GAN-Konzept ist für diese Art von Anwendung integrierbar und kann insofern enorme Abhilfe leisten, indem es eigenständig und zielorientiert virtuelle Daten generiert, die reale Daten imitieren. Hiermit erübrigt sich sowohl eine testbasierte Generierung durch Prüfstandsmessungen oder eine simulationsbasierte Datengenerierung was mit einer enormen Zeitersparnis einhergeht. Abb. 5.77 stellt ein Flussdiagramm für diesen Sachverhalt grafisch dar.*

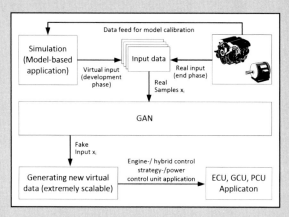

**Abb. 5.77** GAN zur extrem skalierbaren Generierung von Eingangsdaten für die Applikation von Antrieben

## 5.7 Software

Die Wissenschaft von Daten ist ein junges und vielversprechendes Gebiet, das derzeit vor allem in der Entwicklung von Toolkits rasant wächst. Dieses Kapitel soll den Anwendern für das Handling von Daten und den dahinterliegenden Möglichkeiten, vor allem in Bezug auf KI-Features den Anwendern inmitten vielzähliger Optionen einen Überblick verschaffen. Welche Software- und Toolkit-Lösung die beste ist, liegt im Ermessen der jeweiligen Anwendung und kann je nachdem variieren.

Es kursieren inzwischen viele Sprachen, die von Datenwissenschaftlern verwendet werden und für individuelle Anwendungen sehr nützlich sind. Unter den beliebtesten und meistverbreiteten Sprachen gehören Python, Scala und R, die sich im Bereich maschinellen Lernens etabliert haben. Durch ihre inzwischen vielseitigen und leistungsstarken Bibliotheken heben sie sich von Individuallösungen ab; nicht zuletzt die stetige Entwicklung zusätzlicher Paketlösungen ermöglicht dem Anwender eine hohe Flexibilität. Im Vergleich zu markterhältlicher Simulationssoftware für industrielle Anwendungen, die in Kap. 4 ausführlich diskutiert wurden, handelt es sich bei den hier vorgetragenen Machine-Learning-Tools um Open-Source-Lösungen, die in der Wertneuschöpfungskette industrieller Entwicklungsprozesse signifikante Kosteneinsparungen herbeiführen können.

Open-Source-Software sind Softwarelösungen, für die der Quellcode veröffentlicht wird und der Inhaber des Urheberrechts den Benutzern die Möglichkeit einräumt, diesen zu ändern, um die Software sie für die eigenen individuellen Zwecke anzupassen. Aufgrund der flexiblen Anwendbarkeit und der Freiheiten, die dadurch geboten werden, genießen Open-Source-Lösungen eine sehr hohe Akzeptanz.

Speziell für Studierende und für erweiterte akademische Ausbildungszweige bieten Open-Source-Lösungen einen kostenfreien bzw. einen kostengünstigen Zugang und eine Plattform zu einer offenen Community, die stets miteinander im Austausch steht, um sich gegenseitig zu unterstützen, wodurch der Entwicklungsprozess der Software automatisch einsetzt. Im Vergleich zu kostenpflichtiger Software werden Open-Source-Lösungen im Handling als sicher eingestuft. Mögliche Fehler im Code, die von den ursprünglichen Autoren eines Programms übersehen wurden, können schnell erkannt und unter Eigenregie korrigiert werden. Durch das Inkenntnissetzen der Community entfällt hierdurch ein sonst typisches Warten auf ein Update verbunden mit einem neuen Release.

In Bezug auf Stabilität und langfristiger Projektplanung bringt Open-Source-Software gegenüber proprietärer Software weitere nennenswerte Vorteile. Sie richtet sich in aller Regel an offene Standards, um eine flexible Integrierbarkeit zu gewährleisten. Selbst nach Ableben von Entwicklungsprojekten stehen Tools den Anwendern auf unbestimmte Zeit zur Verfügung.

Neben der Gemeinschaftlichkeit drängen sich Werte und Prinzipien wie Nachhaltigkeit, Effizienz und Kosteneinsparungen mehr und mehr in den Mittelpunkt digitaler Unternehmensstrukturen. Verbunden mit dem Gedanken des Lean-Managements und den damit einhergehenden prozessarmen und transparenten Entwicklungsstrukturen, erfahren Open-Source-Lösungen eine revolutionäre Ära. Nicht nur als Individual-Lösung für akademische Einrichtungen und kleinere Unternehmen wie bisher, sondern gerade für mittelständische und große Unternehmen bekommen sie mehr Zuspruch denn je.

Python

Python ist eine Sprache für sehr allgemeine Anwendungsmöglichkeiten mit einer Vielzahl hinterlegter und elaborierter Bibliotheken. Sie eignet sich sowohl für Informatiker, Mathematiker und speziell für Ingenieure. Hiermit lassen sich für Anfänger als auch für Fortgeschrittene Machine-Learning-Anwendungen, sowie Datenanalyse, -operationen und -visualisierungen realisieren.

Scala

Scala bietet ideale Lösungen im Umgang mit Big-Data. Die Kombination aus Scala und Spark erlaubt durch Cluster-Computing die Rechenleistung von Computern bzw. Grafikkarten optimal zu nutzen. Hierdurch wird die hohe Rechenlast speziell bei riesigen Datenmengen ausbalanciert, was als Alleinstellungsmerkmal von Scala zu werten ist. Die Sprache verfügt über viele leistungsstarke Bibliotheken für maschinelles Lernen mit engem Bezug zum Engineering. Im Bereich der Datenanalyse- und Visualisierungsmöglichkeiten liegt Scala gegenüber seinen Konkurrenten im Nachteil.

R

R wurde initial für statistische Berechnungen und Analysen entwickelt und bietet aus historischen Gründen eine Reihe hochwertiger Pakete zur statistischen Datenerfassung und -visualisierung. Aufgrund der starken Schnittstellenbildung und Formatierbarkeit zu unterschiedlichen Syntaxen, eignet sich R durch diese Variabilität besonders gut für Forschungszwecke. Im Vergleich zu seinen Konkurrenten taugt R derzeit weniger für angewandte Zwecke wie beispielsweise das Engineering.

Jede dieser Sprachen ist für bestimmte Aufgabentypen mehr oder weniger geeignet. Die Wahl einer bevorzugten Programmiersprache kann sehr subjektiv sein, weshalb der Entwickler grundsätzlich das Tool für sich wählen sollte, dass für ihn am komfortabelsten ist.

Nachdem die Entscheidung über die Programmiersprache getroffen wurde, liegt die erste Kernentscheidung in der Auswahl der jeweiligen **Machine-Learning**-Bibliotheken. Je nachdem welche KI Anwendung bevorzugt wird (Natural Language Processing, Search Tree, Supervised Learning, Unsupervised Learning, Reinforcement Learning, Deep Learning etc.) (siehe dazu rückblickend Abb. 5.5), stehen eine Vielzahl unterschiedlicher Bibliotheken zur Verfügung. Mithilfe von **Visualisierungspaketen** kann das post-processing von Datenoperationen durchgeführt und Ergebnisse veranschaulicht werden. Je nach Darstellungsoption kann das zu einem besseren Verständnis und einer besseren Interpretation von Daten führen. Bibliotheken für **Mathematik und Ingenieurwissenschaften** bieten die Möglichkeit, numerische Daten hantierbar zu gestalten und komplexe mathematische Operationen und wissenschaftliche Berechnungen durchzuführen. Diese Pakete werden auch verwendet, um schwer interpretierbare Daten wie beispielsweise Textinhalte zu bearbeiten. Als Hauptbestandteil der Datenwissenschaft stellt das Feld **Datenoperation und -analyse** Bibliotheken bereit, mit deren Hilfe Daten aufgenommen, bereinigt und verarbeitet und als Ergebnis für eine Analyse vorbereitet (pre-processing) werden können. Schließlich unterstützen Pakete für **Forschung** die Idee, variable Formate aus unterschiedlichen Quellen der Syntax miteinander zu kombinieren, um daraus für den Anwender die größtmögliche Freiheit in der Handhabung zu ermöglichen.

In der folgenden Tabelle sind für die vorgestellten Programmiersprachen jeweils 20 populäre Bibliotheken gelistet. Sie kann unterstützend einen Überblick bieten, in welche Kategorien Bibliotheken bei einer Auswahl prinzipiell einzuordnen und welche individuelle Stärken und Schwächen bei der Betrachtung einzelner Lösungen zu berücksichtigen sind. Die Grafik zeigt lediglich einen Abriss inmitten unzähliger Bibliotheken, die inzwischen auf dem Markt sind und mit kontinuierlichem Zuwachs erweitert werden (Tab. 5.3). [70]

**Tab. 5.3** Open-Source-Software und Beispiele einiger Bibliotheken für die Anwendung von KI

Machine Learning ◯     Maths & Engineering ◯     Data operation & Analysis ◯     Research ◯     Visualization ◯

# Erratum zu:
# Künstliche Intelligenz für die
# Entwicklung von Antrieben

**Erratum zu:**
**Kapitel 5 in: A. Mirfendreski,**
***Künstliche Intelligenz für die Entwicklung von Antrieben,***
**https://doi.org/10.1007/978-3-662-63495-0_5**

Die Abbildungen 5.28, 5.40 und 5.41 wurden aus rechtlichen Gründen nachträglich ersetzt.

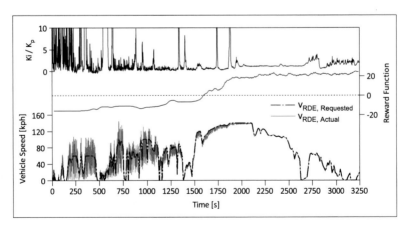

**Abb. 5.28** Adaptive RDE-Geschwindigkeitsregelung

---

Die aktualisierte Version des Kapitels finden Sie unter
https://doi.org/10.1007/978-3-662-63495-0_5

A. Mirfendreski, *Künstliche Intelligenz für die Entwicklung von Antrieben,*
https://doi.org/10.1007/978-3-662-63495-0_6

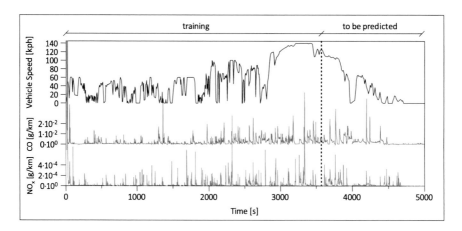

**Abb. 5.40** Training und Vorhersage von CO, $NO_x$ Emissionen im RDE Prüfverfahren

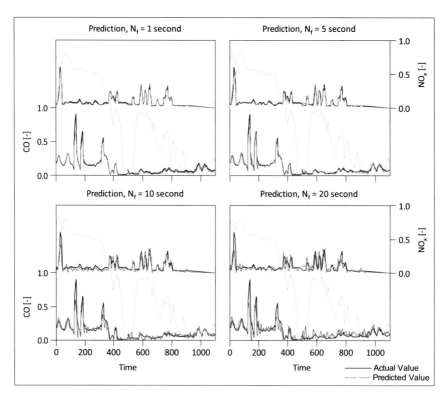

**Abb. 5.41** Vorhersage von CO und $NO_x$ im RDE für unterschiedliche future times steps $N_f$

# Literatur

[1]   Liedtke, R. 2012. *Die Industrielle Revolution*. Köln, Weimar, Wien: UTB. Böhlau. ISBN 978-3825233501.

[2]   Montague, E. J. B. D. S. 1978. *Schöne alte Automobile*. Bayreuth: Gondrom.

[3]   Goldbeck, G. 1965. *Gebändigte Kraft: Die Geschichte der Erfindung des Otto-Motors*. München: Moos.

[4]   Ferziger, J. H., und M. Perić. 2008. *Numerische Strömungsmechanik*. Berlin, Heidelberg: Springer-Verlag. ISBN 978-3-540-68228-8.

[5]   Merker, G. P. 2014. *Grundlagen Verbrennungsmotoren: Funktionsweise, Simulation*, 7th Aufl. Wiesbaden: Messtechnik, Springer Vieweg. ISBN 978-3-658-03195-4.

[6]   Gamma Technologies, Hrsg. 2015. *GT suite flow theory manual version 7.5*. Westmont, USA.

[7]   Guzzella, L., und C. H. Onder. 2010. *Introduction to modeling and control of internal combustion engine systems*. Berlin, Heidelberg: Springer-Verlag. ISBN 978-3-642-10775-7.

[8]   Schouten, M. J. W., und H. J. van Leeuwen. 1995. *Die Elastohydrodynamik: Geschichte und Neuentwicklungen*, Bd. 1207. Fulda: Eindhoven University of Technology, VDI Berichte.

[9]   Mang, T. 2014. *Encyclopedia of lubricants and lubrication*. Berlin, Heidelberg: Springer-Verlag. ISBN 978-3-642-22647-2.

[10]  Venner, C. H., und A. A. Lubrecht. 2000. *Multi-level methods in lubrication. Tribology and interface engineering*. Burlington: Elsevier. ISBN 9780080537092.

[11]  Justi, E. 1938. *Spezifische Wärme Enthalpie. Entropie und Dissoziation technischer Gase*. Berlin, Heidelberg: Springer-Verlag. ISBN 978-3-642-99333-6.

[12]  Zacharias, F. 1966. *Analytische Darstellung der thermodynamischen Eigenschaften von Verbrennungsgasen*. PhD thesis, Technische Universität Berlin.

[13]  Allison, T. 1996. *JANAF thermochemical tables, NIST standard reference database 13*. National Institute of Standards and Technology. ISBN 10.18434/T42S31.

[14]  Woschni, G. 1970. Die Berechnung der Wandverluste und der thermischen Belastung der Bauteile von Dieselmotoren. *MTZ – Motortechnische Zeitschrift* 31: 491–499.

[15]  Hohenberg, G. 1980. *Experimentelle Erfassung der Wandwärme in Kolbenmotoren*. Habilitationsschrift: Technische Universität, Graz.

[16]  Huber, K. 1990. *Der Wärmeübergang schnelllaufender, direkteinspritzender Dieselmotoren*. Diss., Technische Universität, München.

A. Mirfendreski, *Künstliche Intelligenz für die Entwicklung von Antrieben*,
https://doi.org/10.1007/978-3-662-63495-0

[17] Bargende, M. 1991. *Ein Gleichungsansatz zur Berechnung der instationären Wandwärmeverluste im Hochdruckteil von Ottomotoren*. Diss., Technische Hochschule, Darmstadt.

[18] Hahn, H. G. 1985. *Elastizitätstheorie: Grundlagen der linearen Theorie und Anwendungen auf eindimensionale, ebene und räumliche Probleme*. Wiesbaden: Vieweg + Teubner Verlag. ISBN 978-3-663-09894-2.

[19] Ziegler, F. 1998. *Technische Mechanik der festen und flüssigen Körper*. Wien: Springer-Verlag. ISBN 978-3-211-83193-9.

[20] Mueller, G., und M. Möser. 2017. *Numerische Methoden der Technischen Akustik*. Berlin, Heidelberg: Fachwissen Technische Akustik, Springer-Verlag. ISBN 978-3-662-55409-8.

[21] Bossert, M. 2012. *Einführung in die Nachrichtentechnik*. Technik 10-2012. München: Oldenbourg-Verlag. ISBN 9783486708806.

[22] Cooley, J. W., und J. Tukey. 1965. *An algorithm for the machine calculation of complex Fourier series*, Bd. 4990. Bell telephone system technical publications. New York: Bell Telephone Laboratories.

[23] Butz, T. 2011. *Fouriertransformation für Fußgänger*, 7. aktualisierte Aufl. Wiesbaden: Springer-Verlag. ISBN 978-3-8348-8295-0.

[24] Jochem, P. 2012. *Alternative Antriebskonzepte bei sich wandelnden Mobilitätsstilen*. Karlsruhe: KIT Scientific Publishing. ISBN 978-3-86644-944-2.

[25] International Council On Clean Transportation (ICCT). 2019. $CO_2$ *Emission standards for passenger cars and light-commercial vehicles in the European Union: Policy update*. www.theicct.org.

[26] Brokate, J., E. D. Özdemir, und U. Kugler. 2013. *Der Pkw-Markt bis 2040: Was das Auto von morgen antreibt: Szenario-Analyse im Auftrag des Mineralölwirtschaftsverbandes*. Deutsches Zentrum für Luft- und Raumfahrt e.V.

[27] Adolf, J., C. Balzer, A. Joedicke, U. Schabla, und K. Wilbrand. 2014. *Shell PKW-Szenarien bis 2040: Fakten. Trends und Perspektiven für Auto-Mobilität*. Hamburg: Shell Deutschland Oil GmbH.

[28] Bergk, F., K. Biemann, C. Heidt, W. Knörr, U. Lambrecht, und T. Schmidt. 2016. *Klimaschutzbeitrag des Verkehrs bis 2050*, Aufl. 56. Heidelberg: Umwelt Bundesamt.

[29] Hofmann, P. 2014. *Hybridfahrzeuge: Ein alternatives Antriebskonzept für die Zukunft*, 2nd Aufl. Wien: Springer-Verlag. ISBN 978-3-7091-1780-4.

[30] Ovens, A. 2019. *Bekanntmachungen zur Fahrzeugsystematik: Übersicht der Bekanntmachungen*. Kraftfahrt-Bundesamt. https://www.kba.de/DE/Statistik/Bekanntmachungen.

[31] IBM. 2016. *Infographics & Animations: Extracting business value from the 4 V's of big data*. IBM and Gartner, Stamford (Connecticut), USA. https://www.ibmbigdatahub.com/infographic.

[32] Xiao, Q. 2017. *Constructions and applications of space-filling designs*. PhD thesis, University of California, Los Angeles.

[33] Arnott, S. D., und P. A. Lindsay. 2015. *Reducing uncertainty in systems engineering through defence experimentation*. Researchgate GmbH.

[34] Aronson, E., T. Wilson, und R. M. Akert. 2010. *Sozialpsychologie. Psychologie*, 6., aktualisierte Aufl. München: Pearson Studium. ISBN 3-8273-7084-1.

[35] Newell, A., J. C. Shaw, und H. A. Simon. 1958. *Report on a general problem-solving program*. Pennsylvania, USA: Pittsburgh.

[36] Eisenführ, F., M. Weber, und T. Langer. 2010. *Rationales Entscheiden*, 5., überarb. und erw. Aufl. Berlin, Heidelberg: Springer-Lehrbuch, Springer-Verlag. ISBN 978-3642028489.

[37] Kuhlmann, P. 2018. *Künstliche Intelligenz: Einführung in machine learning, deep learing, Neuronale Netze*, 1st Aufl. Hannover: Robotik und Co. ISBN 9781983196065.

[38] Vowinkel, V. 2016. *Kommt die technologische Singularität?* HP Humanistischer Pressedienst. https://hpd.de/artikel/kommt-technologische-singularitaet-13480.

[39] Freshman, R. 2016. *Technological singularity and A.I.: What is technological singularity?* Blog at WordPress.com. https://robertsfreshmanphysics.wordpress.com.

[40] Seifert, I., M. Bürger, L. Wangler, S. Christmann-Budian, M. Rohde, P. Gabriel, und G. Zinke. 2018. *Potenziale der künstlichen Intelligenz im produzierenden Gewerbe in Deutschland: Studie im Auftrag des Bundesministeriums für Wirtschaft und Energie (BMWi) im Rahmen der Begleitforschung zum Technologieprogramm.* Berlin: Begleitforschung PAiCE.

[41] Hart, P., N. Nilsson, und B. Raphael. 1968. A formal basis for the Heuristic determination of minimum cost paths. *IEEE Transactions on Systems Science and Cybernetics* 4 (2): 100–107. https://doi.org/10.1109/TSSC.1968.300136.

[42] Braun, H. 1997. *Neuronale Netze: Optimierung durch Lernen und Evolution.* Berlin Heidelberg New York: Springer-Verlag. ISBN 3-540-62614-X.

[43] van Loon, R. 2018. *Machine learning explained: Understanding supervised, unsupervised, and reinforcement learning.* https://bigdata-madesimple.com/machine-learning-explained-understanding-supervised-unsupervised-and-reinforcement-learning.

[44] Mirfendreski, A. 2017. *Entwicklung eines echtzeitfähigen Motorströmungs- und Stickoxidmodells zur Kopplung an einen HiL-Simulator.* Wiesbaden: Springer Fachmedien. ISBN 978-3-658-19328-7.

[45] Kinnebrock, W. 2018. *Neuronale Netze: Grundlagen, Anwendungen, Beispiele*, 2., verbesserte Aufl. Wien, München: Oldenburg-Verlag. ISBN 3-486-22947-8.

[46] von Neumann, J. 1993. First draft of a report on the EDVAC. *IEEE Annals of the History of Computing* 15 (4): 27–75. https://doi.org/10.1109/85.238389.

[47] Kriesel, D. 2007. *A brief introduction to neural networks.* http://www.dkriesel.com/en/science/neural_networks.

[48] Debes, K., A. Koenig, und H. M. Gross. 2005. *Transfer functions in artificial neural networks: A simulation-based tutorial.* Brains, minds, media. http://www.brains-minds-media.org.

[49] Hochreiter, S., Y. Bengio, P. Frasconi, und J. Schmidhuber. 2001. *Gradient flow in recurrent nets: the difficulty of learning long-term dependencies.* In *A field guide to dynamical recurrent neural networks*, Hrsg. S. C. Kremer und J. F. Kolen. IEEE Press.

[50] Géron, A. 2019. *Hands-on machine learning with Scikit-Learn, Keras, and Tensorflow: Concepts, tools. Sebastopol: And techniques.* O'Reilly Media. ISBN 1492032646.

[51] Xavier, G. und Y. Bengio. *Understanding the difficulty of training deep feedforward neural networks.* In *Proceedings of the Thirteenth International Conference on Artificial Intelligence and Statistics*, Bd. 9 of *Proceedings of Machine Learning Research*, Yee Whye Teh und Mike Titterington, 249–256, Chia Laguna Resort, Sardinia, Italy, 2010. JMLR Workshop and Conference Proceedings. http://proceedings.mlr.press/v9/glorot10a.html.

[52] He, K., X. Zhang, S. Ren, und J. Sun. 2015. *Delving deep into rectifiers: Surpassing human-level performance on ImageNet Classification.* 2015 IEEE International Conference on Computer Vision (ICCV), 1026–1034. IEEE. ISBN 978-1-4673-8391-2.

[53] Tadeusiewicz, R. 1993. *Sieci neuronowe.* Warszawa: Problemy Współczesnej Nauki i Techniki. Informatyka. Akademicka Oficyna Wydawnicza RM. ISBN 838576903X.

[54] Freeman, J. A., und D. M. Skapura. 1992. *Neural networks: Algorithms, applications, and programming techniques.* Reading, Massachusetts: Addison-Wesley. ISBN 0-201-51376-5.

[55] Breard, G., und L. Hamel. 2018. Evaluating self-organizing map quality measures as convergence Criteria. In *ICDATA' 18*, Hrsg. Robert Stahlbock, Gary M. Weiss, und Mahmoud Abou-Nasr. United States: CSREA Press. ISBN 1-60132-481-2.

[56] Kohonen, T., T. S. Huang, und M. R. Schroeder. 2000. *Self-organizing maps*, Bd. 30 of *Springer series in information sciences ser*, 3rd Aufl. Berlin, Heidelberg: Springer-Verlag. ISBN 978-3-642-56927-2.

[57] Sutton, R. S., F. Bach, und A.G. Barto. 2018. *Reinforcement learning: An introduction. Adaptive computation and machine learning series*, 2nd Aufl. Massachusetts: MIT Press Ltd. ISBN 9780262039246.

[58] Tang, A., et al. 2018. Canadian association of radiologists white paper on artificial intelligence in radiology. *Canadian Association of Radiologists journal* 69 (2): 120–135. https://doi.org/10.1016/j.carj.2018.02.002.

[59] Radhakrishnan, P. 2017. *A medium publication sharing concepts, ideas, and codes: What are hyperparameters? And how to tune the hyperparameters in a deep neural network? Medium.* https://towardsdatascience.com.

[60] Fullér, R. 1999. Fuzzy logic and neural nets in intelligent systems. In *Information systems day*, TUCS general publications, Hrsg. C. Carlsson, 74–94, Turku, Finnland: Turku Centre for Computer Science. ISBN 951-29-1604-5.

[61] Wolff, K., R. Kraaijeveld, und J. Hoppermanns. 2009. Objektivierung der fahrbarkeit. In *Subjektive Fahreindrücke sichtbar machen, IV*, Hrsg. K. Becker, Haus der Technik – Fachbuchreihe. Expert. ISBN 978-3-8169-2936-9.

[62] Epelbaum, T. 2017. *Deep learning: Technical introduction.* http://arxiv.org/pdf/1709.01412v2.

[63] Zhu, W., Y. Ma, Y. Zhou, M. Benton, und J. Romagnoli. 2018. *Deep learning based soft sensor and its application on a pyrolysis reactor for compositions predictions of gas phase components.* In *13th International Symposium on Process Systems Engineering : PSE*, Hrsg. M. R. Eden, M. G. Ierapetritou, und G. P. Towler, Bd. 44, 2245–2250. Elsevier. ISBN 978-0-444-64241-7.

[64] Dertat, A. 2017. *Applied deep learning – Part 4: Convolutional neural networks.* Medium. https://towardsdatascience.com.

[65] Forsyth, D., und J. Ponce. 2003. *Computer vision: A modern approach.* Upper Saddle River, N.J. and London: Prentice Hall. ISBN 978-0-13-085198-7.

[66] Hui., J. 2018. *GAN - Some cool applications of GAN.* https://jonathan-hui.medium.com.

[67] Kamble, B. C. 2016. *Speech recognition using artificial neural network – A review*, Bd. 3. https://doi.org/10.15242/IJCCIE.U0116002.

[68] Escabi. M. A. 2020. *Biologically inspired speech and sound recognition.* https://escabilab.uconn.edu/biologically-inspired-speech-and-sound-recognition.

[69] Hui, J. 2018b. *GAN — What is Generative Adversarial Networks GAN?* https://jonathan-hui.medium.com.

[70] ActiveWizards Group LLC. 2020. *Comparison of top data science libraries for Python, R and Scala.* New York, USA, 2010-2020. https://activewizards.com/blog/comparison-of-top-data-science-libraries-for-python-r-and-scala-infographic.

Printed in the United States
by Baker & Taylor Publisher Services